U0940164

毕业这5年，我拿人生怎么过

金正浩 著

化学工业出版社
·北京·

图书在版编目（CIP）数据

毕业这5年，我拿人生怎么过 / 金正浩著. -- 北京 ：化学工业出版社，2017.4（2025.2重印）
ISBN 978-7-122-29129-5

Ⅰ. ①毕… Ⅱ. ①金… Ⅲ. ①成功心理-通俗读物 Ⅳ. ①B848.4-49

中国版本图书馆CIP数据核字（2017）第033976号

责任编辑：马 骄　　装帧设计：史利平
责任校对：王 静

出版发行：化学工业出版社（北京市东城区青年湖南街13号　邮政编码100011）
印　　装：北京天宇星印刷厂
880mm×1230mm　1/32　印张8　字数157千字　2025年2月北京第1版第4次印刷

购书咨询：010-64518888（传真：010-64519686）　售后服务：010-64518899
网　　址：http://www.cip.com.cn
凡购买本书，如有缺损质量问题，本社销售中心负责调换。

定　　价：39.80元

这5年，决定你是人生输家还是赢家

毕业了，离开校园，告别学生身份，现在，我们可以开始聊聊人生了。

很多书或是你看到的文章，都会把人生描绘得过于美好，但是我要告诉你，进入社会之后的头5年，你会面临到的真正问题：

1. 你不能总想着伸手管父母要生活费了；

2. 你一开始薪水会非常低，或许养活自己都成问题；

3. 你不会一下子就得到高薪水和好职位，想都别想；

4. 你会发现你想要的东西变多了，但是钱包却还是那么瘪；

5. 你会遇到形形色色的人，被人欺负、算计是常有的事；

6. 你遇到了那些刁难你的人，很多时候，你还得忍气吞声；

7. 你向往的爱情不会那么美好地到来，女神男神高不可攀；

8. 你年龄增长的速度大于你经验增长的速度，更大于你薪水增长的速度；

……

100. 你有无数好的想法和远大的志向，但是领导只会让你做最枯燥和简单的工作。

这里有至少 100 个现实的问题你会面临，听上去很让人沮丧和悲观吧，可是，它们就是那么骨感和现实啊！

可是，如果你因为以上这些原因，放弃了这 5 年的努力，你多半会成为人生的输家。你要知道一件事：人和人之间的差距，不是在学校里出现的，而是在毕业这 5 年的时间里拉开的，而且以后这种差距会越拉越大！

我知道，理想与现实的巨大落差，以及你的种种不如意，让很多人陷入了深深的迷茫、沮丧、苦恼之中，不能自拔。因为我也是过来人。

其实，只要你抬起头来看看就会发现，你并不孤独，大家都是一样的，那些让你艳羡的人生赢家，也是这样走过来的。

刚刚毕业的你，虽然会有很多无奈，虽然似乎总在做“不重要”的工作，然而这却是职业积累的关键时期，你要培养在工作、生活中游刃有余的视野。

现在，不是慨叹现实太骨感的时期，而是为了 30 岁以后的成功累积养分的时期。哪怕是能力再出众的人，如果不虚心接受经验教训，终究难以获得成功。不要因为自己现在没有成就，或者在短时间内取得成就的希望很渺茫，就心灰意冷，浮躁万分。

开花结果是件快乐的事，但成长本身却是艰辛的，充满了辛劳、泪水和汗水甚至鲜血，它们渗透在我们生命中的每一个阶段。

所以，我不会先跟你谈论成功，而是要先聊聊失败和委屈，聊聊该怎样从那些苦涩的滋味中咀嚼出甘甜和营养。有了这些心理做基础，我们才能接着谈论，该怎样用新的套路来面对全新的处境，怎样用一点点累积起来的智慧叩开机遇的大门，以及怎样待人接物，怎样管理时间，才能让你成为众人眼中“幸运”的那一个。

很多人都“懂得很多道理，却过不好这一生”，可能是因为，他们太聪明机智了，浅显平易的道理反而看不清。很多人在没有机会的时候怨天尤人，可是当他有机会做事的时候，却又肆无忌惮地糟蹋这个机会。

如果说成功是一种幸运的话，那么能够掌控这种幸运的不是别人，恰恰是你自己。虽然没有人能告诉你到哪里才能找到成功，但我们能告诉你可能的途径。试着踏踏实实行动起来吧，也许你的生命就会从此不同。

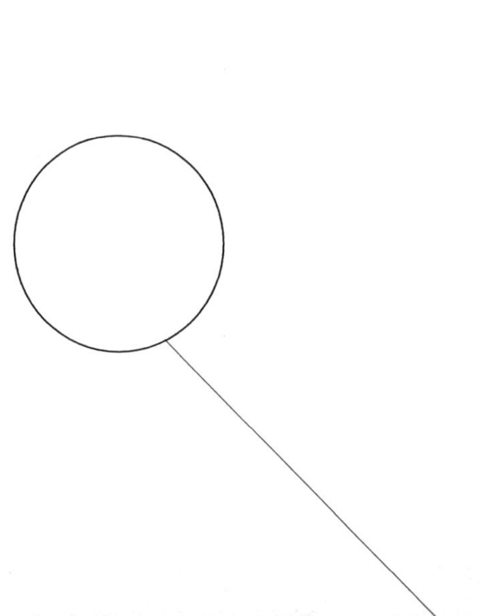

第一章

毕业了，让我们先聊聊失败吧

——这5年，你要准备"吃点苦"

·毕业了，你还要继续努力

我们曾经都一样，年轻又快乐。

我们在大学里得生活过得无忧无虑，学好专业课，然后找份好工作，开始过自己的生活。但是想法总是太过简单，当我们毕业进入社会之后，却发现生活远没有自己想得那么容易。

在大学里，你只要不是天天翘课、考试总不及格，你总是能混到毕业。没生活费了，打个电话给父母，他们保管不会“见死不救”，所以你会很容易过上无忧无虑的生活，把时间都浪费在打游戏、看闲片儿上。

可是，等你毕业了，进入社会之后，情况变了。

大多数人都一样，找了一份工作，挣着微不足道的薪水，还要交房租、交水电费、买衣服、买食物，难免还要参加各种年轻人的应酬，首先钱就是一个让你头疼的问题。

我一个朋友从大学毕业之后，到现在有六七年了，他总是苦闷地说，钱真的不够花，每个月都剩不下，有时候还很不好意思地管父母要一些。听起来很没出息吧。但事实上，这样的人大有人在，谁也不用嘲笑谁。

年轻人的收入实在太少，这是现实所决定的，从一个老板的角度来看，他会觉得我给了你实习的机会，帮助你成长，给了你这么多，薪水就不用太多了。

也是啊，你和每年成千上万的人一样，没有经验，又没有资源，却想要很多的薪水，那是多么不切实际的想法。你有一份能学到东西、又有发展的工作就不错了！

所以，你穷，很正常，但不要怕，因为大家都是这么穷过来的。

前几天和一位大学同学吃饭，喝多了以后，他罕见地吐了回苦水，跟我们追忆当年自己过得有多么辛苦。

那时候大学毕业，来自外地的他选择留在北京，工作倒是不愁找，可是薪水也不过是二千多块钱，平均水平，大家都那样，他觉得能接受。但是找房子的时候才发现，凡是正常一点的都要押一付三，即便是只能容纳一张床的小单间，他也拿不出四个月的房租来，于是在学校宿管大妈一再赶人以后，只能去地下室住着，一边省吃俭用攒钱，一边还告诉妈妈“放心吧，你儿子名牌大学毕业，又这么聪明，过的肯定不差”。

最穷的时候，由于同学结婚随了份子，他的晚餐只能是泡面，各种牌子的泡面轮着吃。午餐吃面包片，跟同事说自己近期节食。

那么窘迫的日子，也终于过来了。他说：“我这辈子都不会忘记地下室的那种霉味儿，可是当时居然没有觉得自己多么悲情，年轻真好。”

是啊，年轻真好，即便一无所有，也毫无惧色，依然意气风发。因为你知道自己的未来有无限可能，还因为有很多人，和你过着一样的日子，你并不孤单。

然而与此同时，你也会看到让你心理非常不平衡的那一面，这可能来自你的同事，也可能来自你的同学，同样是通过对比得来的。

这时候，如果内心不够强大，你很可能充满了挫败感：努力真的有用吗？也许我拼命努力一辈子，终其一生到达的终点，也只不过是别人的起点。

是的，现实就是这样残酷。你的拼命努力，抵不上别人的一句话；你不管多么省吃俭用，都攒不出那笔买房的巨款……但是那又怎样，你能为此放弃努力吗？无论结果如何，生而为人，你都没有权利放弃为生命赋予意义的这一使命。无论命运给您怎样的安排，迎头而上，活出最好的自己，也就够了。

毕业后的生活可能不像你想的那样美好，但不管怎样，你要继续努力。这句话，我一直记得。

所有的挫折和失败，都不是白白经历的，它们都有价值。它们会让你的心态变得更从容淡定，不再那么急功近利，因为你着急也没用，总会有各种各样的事情发生，让你感到痛苦和后悔，但是人生是你的，路还是要继续走，而且还是条“单行线”，所以请你做好心理准备，千万不要放弃努力。

·没有失败过的人，就别想着成功

从大学的象牙塔猛地过渡到社会这个磨炼人的大工厂，注定要经历磕磕绊绊甚至头破血流，才能拥有属于自己的一小方天地。

也许你曾有过这样的经历：

身处大学校园的你还风华正茂，可以在学校里谈论你的梦想，穿梭于各种社团活动，在学生会里也干得风生水起，享受着学弟学妹崇拜钦羡的眼神。

你心中一片宏伟蓝图，带着“高校文青”的自尊心、怀揣着梦想走向社会，却被现实迎面泼来的冷水浇得狼狈不堪。

发出去的简历石沉大海，心仪的公司面试最后只有 HR（人力资源）礼貌的一句“有结果我会通知您”，却从此再无音讯。即使进了公司，作为新人也是各种碰壁，不能高效完成任务被领导批，不懂公司的人情世故被同事笑……

无力、失望、脆弱感在失败的一瞬间蔓延开来，你可能晚上还在被子里默默地抽泣。

我想说，有这样经历的真的不只是你一个人，每一个从校园跨入社会的人，都曾经历过这样的煎熬，甚至也许还在煎熬着。如果你正处在这个艰难的过渡时期，请你咬牙坚持下去。

我知道这很难，因为失败的痛苦实在是太难熬了。有时候你甚至不得不买醉来让自己麻痹，希望依赖时间的治愈而继续向前。

酒醒后才发现，不论多少酒精都无法改变悲哀的现实，如果你再买一轮酒，你还是会发现生活依然纹丝不动，你依然要匍匐着接受“你失败了”这个残酷的现实。

所以，如果你遭遇过或者正在遭遇失败的阴影，不要依靠酒精或者旅行，刻意放纵逃避，那永远都没有用，长此以往，你不仅会再次“失败”，甚至还会变成一个“失败者”。

我宁愿你一次又一次体会“失败”的折磨，也不愿你成为一个真正的“失败者”。

这两者，是有本质区别的。

一个只是成功的最佳伴侣，一个却让你成为永远无法接近成功的人。而它们的差异就在于如何对待失败这件事。

失败永远都是一时的，将要成功的人永远把它当作成功路上的垫脚石，一步一步踩过去。失败者却把失败当作永远无法跨越的沟壑，从此畏葸不前，消极沉沦。

其实，你要感谢自己失败的这些经历，如果你做不到这么大度，至少试着让自己平静地接受这个事实，在社会这个大课堂里，你依然有很多需要学习成长的地方。

我曾经认为自己是那个无往不胜的人。自己在大学里的确算得上是学弟学妹们的榜样，不仅学业有成，大学时和几个朋友联合在学校门口开的一家小咖啡厅也经营得有声有色。第一次创业的成功似乎给了我一种错觉：我聪明，关键是我也很努力，所以我成功是理所当然的。

那个时候，我的字典里没有失败两个字。那种优越感，直到我毕业求职碰壁时才发现那只是自己为自己吹的一个泡泡，看似绚烂多彩，实则一触就破。

不管我怎么向 HR 描绘我精彩的大学生活和成功的创业经历，我好像永远也无法打动眼前那个面无表情的人。一次又一次的面试失败让我觉得以往那个年轻气盛的自己仿佛只活在昨天。今天的我，只剩下无尽的失落和自我怀疑。

有一天我再也憋不住自己的怨气，面试失败后打电话给 HR 询问为什么他们不录取我！ HR 告诉我，他们的确需要有能力的年轻人，但不希望他是一个无知还骄傲的人。

放下电话，我才开始认真审视自己，思考自己的过去和现在。

在接下来的面试里，我认真总结了自己的不足，也不再夸耀自己以前的成功经历，很快，我就被一家知名外企录用了。

如果没有那些一次次的面试失败经历，我不会知道自己是如此的浅薄和幼稚，只会沉浸在以往自我感觉良好的幻觉里。

是现实中一次次的失意告诉我，走进社会首先要认清自我，磨去身上的傲气和戾气，夯实基础，才能拿到社会大学的通行证。

这些深刻的道理，只有失败的经历可以教训你，顺境和成功永远都不会警醒你人在低谷里应该坚持的事情。

想要成功，要先承受失败带给你的一切。

与其每天抱着各种名人传记和成功学的书籍不放，你更应该关注自己和失败相处的能力。如何面对失败才是你步入社会应该学习的第一课，学会和失败相处，你所希冀的成功才会姗姗而来。

·年轻人的四门功课：摸爬滚打

没有人刚刚进入社会就能做到在工作上游刃有余，不论什么时候都是一副心中自有沟壑的自信模样。

年轻人进入社会，面对纷繁复杂的工作和突然无序的生活，往往两眼一黑，手足无措，有时候觉得不管自己做什么都那么拧巴，怎么也不对。

从少年到成年，从轻狂到成熟，从迷茫到笃定，都要经历那么一个过程，你，我都一样。

我师弟告诉我，他刚进单位的时候，公司竞争压力很大，每个人都是铆足了劲冲业绩。虽然经理说让一个前辈带他，但他总觉得那个人对他不上心，也从来没有主动指点过他的工作，每次都是他犯了错之后才来马后炮。

他找我喝酒，跟我发牢骚："你不知道，我不知所措的时候真希望能回到大学，至少还能有个老师在身边指点一二。可惜回不去，也再没这个机会了！"

你是不是和我师弟一样，有着这样的困惑，我告诉你，赶紧收起你的学生思维，与其期待别人来带自己，不如自己摸爬滚打往前摸索着走。

毕竟，自己要走的路谁也替不了你。

年轻人在职场，刚开始都是小白，虽然要经验没经验，要人脉没人脉，但对工作满腔的热情和用不完的精力是职场老鸟没法比的。人人都爱这种职场小鲜肉，不仅是因为这些人接受新事物比较快，他们还有别人无法比拟的优势。

那就是青春。

年轻，本身就是一种资本。

也许你认为年轻是自己工作的一个弱势，因为你入职时间最短而且最年轻，所以有时候你还需要帮同事买咖啡去维持关系，领导嫌你没有经验只会让你办一些跑腿的事儿，大家在一起讨论项目都轮不到你发言……

虽然你可能会遭遇这些坎坷，但只要你换个角度看，这都是对你的锻炼。

多买几杯咖啡给你的同事和前辈，当你有问题向他们请教的时候，他们至少会看在你买咖啡的份儿上给你指点一二；多帮领导跑跑腿儿，你还能知道领导的喜好和工作方式；大家在讨论工作你插不上嘴，那就好好听听别人的看法，自己借鉴学习。

……

总之，与其每天观望等待，不如就从这些小事做起，每一件小事都会让你获益匪浅，只要你肯动脑筋去思考，机遇就在身边。

而这些可贵的机遇，只有在你每日不断尝试甚至经常犯错然后用心积累的过程里才会碰到。

年轻人其实是有“新人特权”的，一个成熟的公司往往对新人犯错有着更高的宽容度。因为他们相信，年轻人犯错的成本远远低于他们新鲜的想法和思路所带来的价值。

因为你年轻，你有大把的时间和机会去实践你的想法，去积累经验，所以，你的合理犯错带来的收益要远远超过你的想象。

作为职场新人，尤其是刚刚毕业没多久的你要庆幸自己拥有职场宝贵的利器——时间和精力。

只要你肯好好利用，未来总不会那么糟糕。

来说一个我身边的故事。

我上大学的时候舍友是那种“不安分”的人，别人都在好好读书，他自己偏偏要去创业。在学校门口开了一家米粉店，生意红火得不得了，但在生意如日中天的时候他又把米粉店转让给了别人，自己拿着钱去搞 IT。

因为自己对领域不熟悉，赚来的钱马上就打了水漂，还欠了一屁股债。接下来的日子里他只好打工还债，每天看见他都是一副风风火火的样子。

钱还完了，就到了快毕业的时候，他开始一门心思考研究生，过了笔试又打了退堂鼓。因为有朋友创业拉他入伙，他心里又开始痒痒，最后决定再次下海。

这次创业，他总结了不少经验，运营了一年多，因为资金链断裂，不得不从头再来。

就在他心灰意冷拿着简历去找工作的时候，一家名企却看上了他，直接给了他 offer（表示愿意）。

他以为是天上掉馅饼砸自己身上，后来见 HR 的时候才知道，公司觉得他以往的失败经历反而是他的亮点。虽然他在不断犯错，但敢于挑战和创新的精神是公司最看重的。

你看，即使我同学犯错失败，花了那么多精力在一些没有结果的事情上，他依然得到了公司的重用。公司关注的是他过往的经历和处理的态度。不去试试，你怎么知道前面是万丈深渊还是桃花源?

总有一天你也会成为职场老鸟，到那个时候你会感谢自己曾经走过的弯路和那一身伤痕，你会发现，那才是你未来前进路上最闪亮的勋章。

·学会与“失败”和解

在我们所经历的教育里，大多是以“成功”为最终的价值取向的。

上学的时候老师告诉你，要努力学习，考上一流的大学，你就算是“成功”了；大学毕业，家人朋友告诉你，找一个高薪的工作，去一家顶尖的公司，你就成功了。很多从来没有仔细思考过自己人生价值的大学生就这样被“成功”的理念蛊惑，怀着对“成功人生”的憧憬，自信满满走向社会，然后被现实的阴雨淋得狼狈不堪。遭遇了失败的痛苦才发现，我们的教育里，关于怎样和失败相处的课程一直缺位，我们只知道“失败是成功之母”，却不知道成功这个儿子是怎么认下的。

其实，失败虽然和成功是一对反义词，事实上它们却是共生的关系，彼此依赖而且此消彼长。失败与成功相伴而行，而我们总是先能体会到失败的痛苦和纠结。我们之所以对失败那么敏感而看不到成功的影子，大多是因为失败带来的沮丧和打击、绝望和羞辱，这种痛苦的感觉实在令人难以忍受。以至于让很多人都忽视了此刻孕育出的成功的种子，比如变革、机遇和经验等等，从而错失了翻盘的有利时机。

我记得我大学舍友和他的队友一起参加联赛，输了一场重要的球赛之后，全队人都去喝大酒，结果第二天醉得上不了场，连个名次也没得到。

失败的痛苦很容易持续蔓延，慢慢控制你的大脑让你无法自拔。如果你像我大学舍友一样选择逃避或放纵自己，那么你绝对是和成功绝缘的。

我的师兄告诉我，他做风投那几年，每年都有几个刚毕业两三年甚至是大学生创业的人拿着项目来找他。他们的项目很少有能做得十分完美的，但年轻人就是这样，他们对自己的项目十分有信心，谈起项目的远景激情四射，信心十足，好像只欠东风。

而我的师兄听完他们讲完之后，问的都是和项目无关的事，你做这个事情几年了？你遇到过什么挫折？你怎么解决的？如果你这次融不到资你怎么办？师兄会依据他们对待自己失败经历的表现来重新做评估，完全出乎他们意料。那些经历过多次失败，肯从失败里总结经验教训并持之以恒坚持下来的年轻人，他才会另眼相待。反而，空有一腔创业热血，却无法平衡自己的心态的人，他说，都还太嫩，需要修炼。

历练挫折，在失败中苦苦挣扎的意义就在于你经历过许多遍失败的打击之后，你会慢慢对失败带来的那种痛苦感逐渐脱敏，而更加关注失败给你带来的积极意义，从而把它应用到今后的生活里去。

这个过程你将会经历很多遍，失败的痛苦焦灼煎熬着你的内心和精神，你必须苦苦挣扎才能适应。但那些成功的企业家，无不苦苦挣扎过。

哈兰・山姆士上校一辈子都在经历挫折，在创立肯德基品牌之前，基本上过着飘雨不终朝、骤雨不终日的生活，他推销自己做的炸鸡失败了1009次，最终才成功创立了肯德基的品牌； 栗浩洋，朋友印象创始人，四次创业，从失败中成功，初中炒股，22 岁身价千万，25 岁时候几乎破产，后来以 5000 元工资去打工，27 岁联合创立昂立教育， A 股市值最高曾达 140 亿元……

你看，没有谁直接顶着成功光环而来，挣扎才是成就伟大的竞技场。

只要你在不停地挣扎，你就离成功更近一点。

试着去悦纳失败，去苦苦挣扎，只有挣扎过后你会发现，自己曾经经历过的那些心酸和失意，才是你成功路上最好的注脚。

坦然地面对失败，没有任何人或案例可以像它一样给你上一堂真实生动的社会课；学会感恩失败，它才是你成功路上最忠诚的朋友。

如此看待失败，学着和失败和解，九败一胜，不过如此。

· 失败并不可怕，可怕的是你站不起来了

物竞天择，适者生存。

我们都知道这个道理，但如果有一天自己成为了那个“被淘汰的”，你会发现，你很难用这个道理说服自己。

因为敢于承认并面对自己的失败，本身就不是一件易事。这需要你有清醒的自我认识、博大的胸襟，以及理智的头脑来应对所发生的一切问题。

但事实上，失败这件事本身并没有那么可怕，我们都知道它很痛苦，但你要相信，它真的只是一只纸老虎。如果你被唬住了，趴在原地不动弹，那才是真正的可怕。

因为锢囿在原地，畏葸不前，只能错失更多改变现状的机会。

来听一个我朋友的故事。

我的朋友干医生这行很有天赋，在同期的实习生里，他是最优秀的一个。

他一向谨慎好学，成为主治医生后口碑一直很好。由于他一向对病人的病情判断很准确，他几乎没有抢救失败过。但在一次突发的急诊手术中，他第一次因为自己的判断失误而给病人带来了无法挽回的伤害。

患者脑死亡。他也因此背上了沉重的心理包袱。

从此他一蹶不振，再也不敢正视手术刀，无法重新面对病人。过了半年之后，他不得不离开了他曾经心爱的岗位，去高校教书。

我们都在感叹，如果他能好好调整自己，把那个病人的例子当作教训时时警醒自己，他会成为一个医技高超的好医生。

但他做不到，他沉沦于失败的阴影里无法自拔，更别提能挽回自己的错误了。

我很佩服我的一个师兄，他面对逆境时的坚韧和魄力常常让我意识到：人活着就是得自己成全自己。

他本来在一家公司做管理，待遇十分优厚，在人人羡慕他的时候，他偏偏说要去创业，于是果断地放弃了高薪的工作和身边的朋友开了一家公司。

本来公司前景不错，但年底对账的时候还是发现有部分亏损，他心里清楚这和创业的时候没有和熟人建立科学的人事财务制度有关系，但由于和熟人抹不开面子，钱的问题也因此一直不清不楚，不久公司就倒闭了。

吸取了第一次创业失败的教训，他用了半年时间筹备，又开始第二次创业。公司在慢慢走上正轨的时候，妻子却罹患重病，他把大部分时间都用在陪妻子求医上，疏忽了对公司的管理，不出两年时间，他的公司亏损30多万元，又被迫关闭。

他来找我来聊天的时候，我看着他满脸的沧桑和疲惫，曾劝他别再走这条路，不是所有人都适合创业的，但他却丝毫没有放弃的意思，聊到深处，我听见他深叹一口气“反正我现在创不创业都没钱，还不如趁着自己还想干的时候再拼一把。”

妻子的病情稳定后，他踏上了第三次创业的征途。

这一次创业他认真总结了前两次创业的经验教训，从自己熟悉的IT领域入手，建立了高效的管理团队和透明的财务制度。他像照顾自己的孩子一样精心经营着他的公司，终于在第二年实现了盈利。

我找他庆祝，感慨他这么多年的坚持终于有了结果。他端起酒杯告诉我，就算是这次再失败，他还是会选这条路，反正生活就是麻烦连着麻烦，也许永远都没有平静的那一天。

“但咱们得向前看，要是被打趴下一次就爬不起来了，那还算什么男人！”

我的师兄是个好汉，不仅仅是因为他有情有义，更因为他懂得人和人之间的差别往往就在于如何从失败里爬起。

我们每个人都希望被世界温柔对待，但是，对不起，你所向往的没有冲突、没有挫折、没有失败的社会不存在。如果你真的一直活在那样美好的幻觉里，那么，你也许已经温柔地在原地站了很多年。

职场这个竞技场里，从来都是荆棘横生、矛盾层出不穷。成功也永远垂青那些被苦难打磨过的人。

刚毕业的两三年里，你肯定要经历人生中最重要的几次转折，你可能会找到一家好的公司做白领，在职场摔打最终练就金刚不坏之身，也有可能去自主创业，体验筚路蓝缕的艰辛，最不济，你到处碰壁，连生计都要重新考虑。

但不管你如何选择，在每一个失意焦灼之时，没有被失败的恐惧吓到的你，依然执着努力为梦想奔波的你，在触底反弹的那天，你一定会感谢自己曾经不抛弃理想，不放弃自己。

·你不绝望，就没有绝境这回事儿

从校园到社会，一路摔打磨炼，你应该经历过很多当时认为自己绝对无法跨越的“绝境”。无论是该交房租却还没有找到工作，还是大病一场久久无法治愈，面对当时自己无法解决的问题时，有时候你甚至会觉得“生无可恋”。

但奇妙的是，你有没有发现，绝境其实不会总是被你遇到，而且所谓的“绝境”往往也都不是永远的，如果你觉得自己总是对眼下的事情无能为力,你可能要考虑一下,是不是因为你的绝望而催生了眼前的困境。

因为你一旦绝望，你再也没有改变现状的勇气。你会不断地苛责自己的无能，陷入深深的自我怀疑里而无法看清自己，就更别提想办法解决眼下的问题了。

我知道，当你遇到所谓的绝境时，你肯定觉得眼前已是山穷水尽无路可走了，只好停步不前。但是你不试着往前走一步，怎么就能肯定前方一定没有柳暗花明呢。

我很佩服我的一个学长，他刚毕业去上海工作的时候，第一个月就被偷了所有的钱。他家境贫寒，不可能再向家里伸手，找到的新工作也不可能马上就发工资，那个时候他真的要陷入绝望的境地。

生存的压力下，他看着地上的饮料瓶子和随意丢掉的纸盒，有了卖废品的打算。他找了一个破麻袋，忍着众人的不解和冷目，每日下班后沿着回宿舍的路，从路边、垃圾桶里捡拾着人们丢弃的废品，也在一点点积攒着未来的希望。

他靠着捡废品得来的钱，在这个城市交了第一个月的房租，后来经过多年的打拼，他终于在北京买下了自己的房子。

他告诉我，后来的工作中他也遇到过很多问题，但他从来没有绝望过，“我知道，没有解决不了的困境，只有自甘堕落绝望的人。”

所以，这个世界上并没有绝对的绝境，只有绝望的人，内心被自己局限，把前方的希望完全抹去，自己则深陷黑暗里无法自拔。而内心强大的人，总会从绝境中看到希望。

先来听一个故事。

爱好登山探险的拉斯顿独自来到峡谷登山。他在攀过一道三英尺宽的狭缝时，被一块巨石挡住了去路。他试图将石头推开，巨石却猛地向下一滑，将他的右手和前臂压在了旁边的石壁上。

拉斯顿忍着剧痛，使劲用左手推巨石，希望能将手臂抽出来，然而千斤巨石凭一臂之力怎能推得动？精疲力竭的拉斯顿终于知道，最好还是保存体力等待救援。

然而第二天早晨，饥肠辘辘、浑身无力的拉斯顿从睡梦中醒来时才发现，他所在的地方太偏僻，救援人员根本不可能找到这里，要想活命，唯一的办法就是断臂。

主意已定，拉斯顿折断自己胳膊的骨头，用随身携带的折叠刀割断右臂，然后跳下悬崖，艰难地沿原路返回。虽然忍受了常人难以想象的剧痛，但拉斯顿最终自救成功。

拉斯顿遇到的情况算是绝境了。但他最终能死里逃生，靠的不是什么惊人的耐力，而是永不绝望去求生的决心和无畏的勇气。

想想看，在拉斯顿求生的 127 小时里，他如果对自己丧失信心，破罐子破摔，那么他基本上就无法创造生还的奇迹了。

所以你要明白，所谓的“绝望”往往只是一种情绪发泄的手段，每个人都是在绝境中寻找希望，在很多情况下，希望的力量会鞭策你前行。而绝望只能令你自毁。

我们从来都不能保证自己这一生都不遇到困境的折磨，但我们的确可以选择成为一个坚强而乐观的人，你不绝望，便没人会把你推向真正的绝境，因为你总会从中挖掘出希望的光芒。

·做人需要有点复原力

就像失恋一样，从单纯的校园走向复杂的社会和职场，谁都难免遭遇失败，这是人生中最常见的创伤。但你会发现，有人会在失败后一蹶不振，而有人却会在失败后再攀高峰。

如果你仔细对比过这两类人，你会发现，不论是做什么工作，后者有一个共同的特点：他们都有很强的复原力。

“复原力”这个概念最近很火，是指个体面对逆境、创伤、悲剧、威胁或其他重大压力的良好适应过程。也可以说是从苦难中康复的能力。你会发现这是发生在我们身上最为神奇的事情，我们会经历重创和灾难，但依然有能力去修复这些伤害，重新回归正常的生活轨道。

每个人都需要强大的“复原力”，漫漫人生有太多的无常，遭遇挫折和变故却总是必然。虽然无法决定困难何时降临，但我们可以事前武装自己，如果真的抵挡不了命运的洪流把我们推向未知的苦难，我们还有复原力，经历痛苦过后修复自己，逆境向前。

很多人会说，乐观的人更具备复原力，他们天性达观，做事积极，所以在自我恢复方面应该更有优势。但事实并非如此，一个盲目乐观的人很容易被现实的真相打倒，能知道残酷的真相还能勇于接受面对的人，才是真正强大的自我修复者。

有人采访过越战战俘营的美国老兵，哪些人最后活了下来，他们的回答让人意外，那些看起来最悲观的人坚持到了最后，反而是那些乐观地想着圣诞节就能回家的人，最后熬不住希望破灭的痛苦而悲惨地死去。

勇于接纳现实是一切复原力的基础，完全理解现状才能更清楚地找到解决问题的方案，过于自信或者乐观反而容易让自己陷入成功的幻象里。

能接受事实并不能让你采取行动，大部分的现实总会让人更沮丧。想要恢复正常的生活，你还需要寻找生活的真谛。

如果你本身就是一个积极向上的人，认为人生美好，机遇和努力并存，那么遇到困境的时候，肯定会比那些认为人生处处是陷阱；当一天和尚撞一天钟的人能更快走出阴影。积极的价值观不仅改变着你看事情的角度，同样促使你采取积极有利的行为去改变目前艰难的局面。

同样是职场新人，我以前的两个实习生在工作的两年里却出现了惊人的差距。一个已经成为部门主管，一个却还在原先的岗位没有变动。

印象深刻的是，有一次我叫他们两个去设计两个文案拿给我看，结果都差强人意。我觉得是新人没经验就算了，让他俩都回去，打算自己设计。

没想到其中一个过会儿就来找我让我指点，我简单说了下想法，她回去过了一个小时后带着一份新的文案来找我，我看了看虽然有进步，但还不够好，她就拿着文案又走了。如此反复四五遍，我最终才同意了她的文案。但这期间，另一个实习生一次都没有来问过我他的文案有什么问题。

慢慢地两个人就拉开了差距，那个女孩子总是在不停地学习，她的文案做得越来越好，而另一个男生的文案却毫无起色。

等到女孩升职，她来感谢我的培养，我才问她为什么能顶住我的压力（因为我批人都比较狠），难道不觉得我很难相处么?

她淡淡一笑，“我从来都相信，只要我不断努力找方法进步，总能打动您，现在我不是做到了吗? ”

你看，人和人之间的差距就在这里。

沉湎于过去不能自拔，不能努力克服眼前的困境，永远只能是一个实习生。

最终，你相信什么，生活就会回馈你什么。

就像桑德伯格（Facebook 首席运营官）在伯克利毕业典礼上演讲说的一样，“那些承载着苦难的时光，那些从根本上挑战你每一份坚持的日子，将最终决定你会是一个怎样的人”。铭记那些难忘的时刻，并治愈自己，才能在人生的路上越来越坚强。

我们应该成为自己的疗愈者（Healer），人之所以能打开心扉面对生活的苦难，是因为我们知道，真正强大的内心拥有充足的复原力。人可以被无数次地打倒，但只要能再次站起来，我们就不畏人生的风雨。

第二章

别拿着学校里的"套路"去拼社会

——这5年，你要帮助自己"长点心"

·职场中，别拿单纯当借口

在校园里，有人说你单纯，你可能还是觉得别人在夸赞你，你单纯善良，可能还会很招人喜欢。但如果你在职场里听见有人这样说你，你要明白，他的潜台词就是“你有点傻”。

其实在现代社会，单纯这个词有点被污名化了，很多职场新人犯的愚蠢的错误都要“单纯”来背锅。事实上，职场依然喜欢积极热忱想法纯粹的年轻人，依然不欢迎的是愚蠢固执的意气书生，说你“太单纯”，大部分场合应该是指你是后一种人。

在职场，你的一言一行都可能和别人发生利益联系，如何取得这种利益的平衡点并能为你获取尽可能大的利益，才是你应该考虑的。

职场是和校园完全不同的生存成长环境，职场需要你有很强的洞察人心的能力。如果你做事前总是不肯动脑筋，还是依赖在校园里的一套处理人际关系的方法来做事，你会发现，自己在他人眼里依然是个学生，会很被动。

很多刚上班的年轻人没有办法很好地适应“职场人”这个角色，将自己在学生时代处理人和事的经验不经意地带到工作中去，碰一鼻子灰还很委屈。明明我心眼很好，总是为他人着想，还努力工作，这些品质在学校里总是会为我带来好的运气，为什么进入职场，我还是我，但总是会受到不公的待遇？

我劝你在掉眼泪前先问问自己，职场的“套路”你懂多少？

你是不是还觉得，只要我努力工作，老板一定会看见我的勤奋，给我加薪？同事拜托我做的事情，我不好意思拒绝，所以即使加班也要做完？我在工作上有了好消息，应该马上和同事分享，大家应该彼此坦诚才能关系更好……

这些学生时代的想法，你不变通不消化就把它带到职场里去，那你就有点“太单纯”了。

来说一个我师妹的遭遇。

她是校招进单位的，因为自己没有工作经验，所以干起活儿来既卖力又用心。她工作起来勤奋上进，经常加班加点，老板和同事也常常夸奖她是后起之秀，渐渐地把很多工作都交给她做。老板说这是信任她的工作能力，让她多锻炼锻炼。

她虽然心里有些不愿意，因为这意味着节假日基本上都要泡汤了，但师妹生性腼腆，觉得反正干得好了，老板自然会看在心上，给她升职加薪的。所以在干好自己分内事外，她开始额外干着其他部门的工作，也没提自己的待遇问题。

但无奈由于她没有工作经验，很多同事因为老板看似“器重”也对她疏离。她渐渐地觉得力不从心。有一次因为弄错了一个重要的报表数据，老板对她大发雷霆，还罚了她的工资。

一年后她发现，和自己同时进公司的员工都已经升职，唯有自己还在原来的岗位转圈。她终于气不过去找老板讨说法，反而被老板一顿训斥，说自己办事没思路还出错，想要升职还要再看她表现。

她气愤地要辞职，反而被老板要求赔偿违约金。

看看我师妹的经历，你就会知道，并不是干得多就会讨人喜欢，勤奋努力用不到点子上就不管用，做老好人也不好使，加班加点工作并不值得夸耀，不懂得拒绝别人，干了活儿也是吃力不讨好。Office 里的很多“潜规则”，需要你去琢磨。

我有一个朋友刚上班的时候因为偏信了一个“贵人”的劝告而放弃了一个新部门的高薪职位，没想到他的“贵人”到最后居然取代他成为新部门的经理。他失去了一次改变命运的机会，到现在还后悔不已。他信任对方没有错，只是不该在关键时刻没有自己的想法。

职场是一个利益场，在职场这个环境里，你要理解它的运行规则。讨厌那些戴着面具生活的人并不会显得你有多高尚，他们只是懂得在职场中如何平衡各自的利益，这和性格好坏并没有关系。因为你终究会理解他们，并成为自动维护职场利益链条的一环。

不是这个世界变得冷酷了，而是职场这个竞争环境有它自己的法则，你之所以觉得这里面“水很深”，还是因为你不了解不习惯这种规则的约束。而终有一天，你也会成为职场老鸟，你回望自己刚毕业那几年幼稚的想法也会轻声发笑。

谁都要从自己的“单纯”里走出来，才能更加成熟干练。

毕竟，职场更希望你是一个成熟而聪明的工作伙伴，不是愚昧的书呆学生。

· 自我成长，是适应社会的不二法则

很多年轻人，尤其是刚刚从校园毕业的年轻人，开始上班的时候会发现，自己曾经一贯用的很多方法都不怎么好使了。

在学校的时候，学习这码事基本上凭自己一人之力完全没有问题。很多科目，尤其是文科，考前临时抱佛脚还是很管用的。但上班之后你会发现，自己有多大能力是一方面，能不能协作配合好同事的工作是更重要的一方面。还是单枪匹马地来，很多事情根本进行不下去。

而且工作根本就不容你临场凑合，你平时没有扎实的准备，再去抱佛脚效果也不一定好。

的确，进入职场，你将面临的是一个完全不同的世界，这个世界的很多规则和方法都需要你从头学起，慢慢摸索。简单依赖在校园时期的为人处世方法，你就会很深刻地发现，自己的“套路”不好用了。

在职场，需要你改变很多以前学生时期的习惯和思维方法。校园是个相对简单的环境，你做事、交朋友，可以凭借自己的喜好和习惯来，你不喜欢和谁相处，只需要远离对方就可以，也没人逼你一定要和谁搞好关系，你磨蹭一点也没人催你，反正最后不耽误交论文就可以。

但在职场，你做事情前需要考虑的并不是自己的感受，而是能否推动事情继续向前发展的各种因素。所谓职业，便是你思考问题的维度和

行为方式更加符合集体的利益要求，而不是你自己的喜好。

当然，要你明白这些，你必须要栽很多跟头才会接受。

我的一个师弟，在刚开始上班的时候就在这方面吃了很多亏。他是一个喜欢独立钻研的工科男，在学校的时候碰到难题，基本上他把自己关在图书馆待几天就肯定能解决。

初入职场的时候，他所在的技术部门要合作一款重要的产品，技术上很有难度。他和从前一样，又开始自己一个人琢磨，结果过了几天也没头绪。主管三番两次来问他的进度如何，如果不行就交给大家一起来做，他最后瞒不住了才告诉主管这个技术难题他自己解决不了。气得主管直跳脚，他们小组因为他的缘故，项目已经落后了很多进度。

主管后来拿这个事儿训斥他，说他不懂协作能提高效率的道理。如果再犯这样的错误就赶紧滚蛋！

他来找我诉苦说：“那个时候我才知道，公司不是没有我就不行的。我一个人不管多强，只要耽误了项目的运行，我的聪明就变成了愚蠢。”

我拍拍他的肩膀，表示理解。

职场不是你的秀场，在职场头顶光环的人物永远是那个能让工作伙伴获益的人。

所以你要明白，无论你在学校是个多么风云的人物，在职场，你就是一个新人。你可以借鉴过去成功的经验，但你要知道，你回顾往昔的目的也是为了让你更快地适应如今的工作节奏，而不是坚持你的骄纵，你必须要学会协作，去适应公司的工作环境和规则。

我相信，你刚进入公司时虽然满腔热情，但也会带着生涩和胆怯。你肯定希望能有人像在大学接大一新生的你一样，有学长学姐对你嘘寒问暖，百般照料。但公司却不会有人为你打点一切，可能也就只有 HR 对你指点一二，带你去看看你工作的格子间而已。

我曾经的一个实习生，人长得漂亮，性格也比较娇气。刚开始工作没什么经验，没少挨经理的骂。她的同一批实习生总是看见她一脸梨花带雨的样子在座位上抽泣，不明所以，刚开始还会去主动安慰一下。但时间长了就发现这个姑娘真的是“水做的”，总是有抹不完的眼泪，越是安慰，她越一个劲儿跟你诉说她的委屈。但也无非是自己犯了错误，领导说话狠了些罢了。时间长了，大家都司空见惯，有时候还觉得她真的是破坏气氛。

后来她终于忍不住委屈来找我，觉得在这里工作没有一点人情味。她说自己之前在学校不管遇到什么难题，只要她求助于别人，总有人会热心帮忙，而且自己难过的时候流眼泪，也会有舍友闺蜜来安慰。但来到公司却发现没人主动关心自己，而且自己犯一点小错误也要被劈头盖脸地骂。

她不理解，在职场，大家的关系就这么冷漠吗？

我告诉她，不是职场冷漠，是你对职场给予了不切实际的期望。

在职场，你可以是新手，但不能一直做新人。有问题可以请教同事，但如果一直请教同一个问题，总会招人厌烦。你可能觉得在学校互相帮忙是小事，但在职场，你要学会尊重和珍惜他人的时间和精力，学会自我成长。没有人有义务去主动帮助和安慰你，更不要把这样的希望建立在他人身上。做好自己就是对他人负责任的表现，而不是过度要求他人为自己着想，或是抱着“圣母情怀”去关注他人的职场生活。

学校的套路不好使了怎么办？自我成长永远是不二法则。你之前对自己所有的标准都应该随着新环境的要求而改变，而不能指望环境对你多一分宽容。早一点适应环境，就少一分前进的阻力。

·亏要吃在明处，否则暗箭难防

新人进入职场，没有不吃亏的，一是经验不足难免犯错，二来职场人心复杂，自己也有可能被他人在背后算计。既然免不了吃亏，你就应该仔细考虑一下，什么时候吃亏，在什么地方吃亏，才能真正“吃亏得福”，而不是做吃黄连的哑巴，有苦还说不出。

对于吃亏这件事，其实说白了就是一种利益的交换，用暂时的损失来换取长远的利益。作为新人，如何精巧地利用这一点，让自己以退为进，是值得深虑的一件事。

想要不白吃亏，你要先明白什么叫“吃亏在明处”。

所谓吃亏在明处，就是在你遭受损失或者是在无奈环境中做出不利于自己的选择时，要让对方明白，你主动牺牲自己的利益，是为了成全对方或者帮助对方实现他的利益。说白了就是让对方知道，他欠你一个人情。而人情欠多了，做事的主动权自然会转移到你这里。

我有一个朋友在这方面就很聪明。

他刚入职的时候，有一天主管让他赶快整理出公司近三年的关于建筑行业的文案资料，他后天有会急着要用。我朋友于是睡了两天公司沙发，准时把整理好的资料送到了主管办公室。当时他的主管正好在和总监讨论问题，就示意他把资料放在桌上，他照办然后就出来了。

没想到的是，第二天上班，主管怒气冲冲地来找他要资料，说他没有按时整理好，会议又提前了，自己在会上很难堪。把我朋友都说愣了。

这个时候正好总监过来问怎么回事，我朋友马上解释说是因为自己的疏忽才让主管生气。总监没有说话，而是把主管和他叫到了办公室，并从主管桌子上的一堆文件里找出了他想要的材料。

我朋友说他觉得主管真是尴尬极了，他怕主管下不了台，马上打圆场说是因为自己做事太马虎，把材料送来没有及时提醒主管，错在自己。总监也接下他的话茬，才让事情圆满解决。

后来，他就发现，虽然主管没有主动找他道歉，但明显对他的态度亲近了很多，也愿意把一些重要的项目让他经手。这对刚入职没多久的朋友来说真的是宝贵的机遇。

看起来是我朋友遭受了不白之冤，吃了亏还维护别人，真是傻透了。但事实上，他的主管正是因为意识到是他在主动吃亏来维护自己的面子，才给了我的朋友更多机会。相比之下，我的朋友只受了一些言语上的批评，所得到的真的是太值得了。

《菜根谭》上说："人之短处，要曲为弥逢；如暴而扬之，是以短攻短。"它的意思就是说，别人有缺点或过失，要婉转地为他掩饰或规劝他，假如去揭发传扬，就是用自己的短处来攻击别人的短处，不会给自己带来任何的好处。

吃亏，同样会使别人觉得你的为人非常豁达、宽厚，让你获得更深的情谊。这当然会使他人更心甘情愿帮助你。

我曾经和同学合伙创业，后来资金链断裂无法进行下去，只剩下一些无法运转的设备。我跟同学说，这些设备都归你，你想怎么处理就怎么处理。他刚开始推辞，后来也接下了。

有朋友说我傻，到最后也不给自己留点财产。我却觉得自己吃的这个“亏”比不上同学之间的情谊。后来我和同学一直保持着深厚的革命友谊。在他再次创业成功后，他邀我入股，我也因此大赚了一笔。

所以你看，吃亏这种事，就是一种人情沟通的技巧，让对方对你有所愧疚或者占有一定的心理优势，他肯定会在今后的交往里回馈于你以获得心理的平衡。

但是，你要明白，你所谓的牺牲和宽容，吃下的苦头不是为了那些在职场中专门损人利己的那些小人和恶人。

如果你为了息事宁人，总是在吃暗亏，所有的责任都一力承担，也不懂得进退，吃过的亏只有你一个人知道，别人在背后给你放冷箭，你在职场就太被动了。

我师弟曾经就吃过这样一个亏。

他们公司要签一个新客户，需要做出一个设计图。师弟关系很好的一个同事说自己毫无思路，想让师弟帮忙出点主意，最后的设计图可以写师弟的名字。我师弟是一个热心肠，于是把自己曾经做过的几张图给他同事看了，他同事很受启发，当时千恩万谢地走了。结果到和客户洽谈时候，师弟却发现，同事在用他的设计图和对方沟通，客户认为这是同事的创意而十分欣赏，还要求同事成为这个项目的负责人。而这期间，他的同事只字未提自己的名字。

在谈判桌上，他不好发火，只能硬咽下了这个苦果。回去以后他和他的同事大吵一架闹翻，也没法说服客户换人。

职场中的“暗招”常常让你防不胜防，你要学会保护自己，不受这些小人的操纵。事要给自己留有回旋余地，也要常常观察周边人，历练一双识人的慧眼。

总之，亏要吃在明处，我们不做斤斤计较的狭隘小人，也不做逆来顺受的沉默羔羊。善于吃亏，才会受益无穷。

·先低调做人，以后才有机会高调

我知道，刚进入职场的你一定想给单位留下好印象，显露自己的才干，更快地让他人认可自己。但很多年轻人也因为带着强悍的个性进入职场，反而过犹不及，在刚进入职场的时候就摔了跟头。

很多年轻人不理解，尤其是进入职场没多久的90后一代，在校园里他们都是依靠自己的个性获得他人青睐的，也给了他们很多崭露头角的机会。到了公司，在工作中积极表现自己的优势、让自己获得更多的关注度，难道不是职场进击的良好策略吗?

事实上，你若有才干，过于强调这一点却不是在职场生存的上上策。这会给你带来不必要的麻烦。

你标榜自己起点那么高，难免引起他人的嫉妒，这是人性的心理定式。他们甚至对你的工作有更高标准的苛刻要求。如果每天都有双眼睛盯着你的工作，还经常对你的工作挑刺，刚进入公司的你能应对这样的压力吗?

而且，在竞争伊始，你就已经展露出自己的全部实力，往往会给领导造成“激进”的印象，认为你急于求成。对你的同事而言，你更有可能成为众矢之的。

你不需要这样额外的负担，你需要的是更多的学习历练机会与和谐的人际关系。而保持低调，是能让你在短时间里集聚职场能量的最好方式。

说一个朋友讲给我的事情。

公司新招了一批实习生，但不是每个人到最后都会被录用。我朋友说，她当时其实很看好一个女孩。她很聪明，做事情一点就通，工作上手很快，也很积极，所以刚开始会多给她分配些任务来锻炼她。但到实习后期，朋友却发现女孩身上有一个致命的问题，她实在太张扬了。每次得到重用就忍不住炫耀，而且过于争强好胜，甚至到了经常抢别人客户的程度。以至于她和同期实习生的关系都很僵。最后朋友考虑再三还是放弃了她。

朋友告诉她，她虽然有潜质，但还是太张扬了。在咨询行业，公司需要埋头做事、懂团队协作、言行谨慎的人。那个女孩显然意识不到这一点。

当你觉得自己刚刚有点成绩的时候就沉不住气，一定要大肆宣扬让他人知道，如果你是在做事情的最开始阶段，你就会发现自己是在给自己挖坑。因为你说出去的话有可能无法兑现，到时候你就成了领导眼里那个“不可靠”的人。

除了言行上的“低调”，你更应该保持态度上的谦虚。

在职场，没有人会讨厌谦虚好学的新人。你越是谦虚礼让，越能为你的职场表现加分。

我曾经带过一个实习生，他是一个 985 高校的工科研究生。在研发部实习时，同事们就跟我反映说这个男生好谦虚啊，他自己一个硕士，从来不拿学历说事儿，遇到不懂的就问，部门里好多本科生看见他这么谦虚，都愿意帮他解决一些技术难题。

我后来发现他是那批实习生里进步最快的，业务上的问题他很快地就掌握了。工作一年多，他自主研发升级公司的产品，给公司带来了良好的经济效益。随后就被提拔为主管。因为他平时为人低调，从不跟人争执，在公司里没有树敌，所以他升职也得到了同事的认可，认为这是他厚积薄发的结果。

你看，为人低调，不仅能让你在职场稳稳扎根，同样能为你带来融洽的人际关系。

但你要记得，低调做职场新人，不是让你做“隐形人”。如果每天一到单位就在自己的小格子间闷头坐着不吭声，也不和同事打招呼，吃饭也不主动和同事一起，长此以往，你就会慢慢被边缘化。

所谓低调，是让你懂得谦虚礼让，暗中储蓄力量。

放心，跟《琅琊榜》里的梅长苏一样，你韬光养晦了那么久，总有你一鸣惊人的一天，后发制人，才能最终笑傲职场。

·在该你闭嘴的时候别急于表达

初入职场的年轻人很多都会走两种极端，一种是满嘴跑火车不分场合乱说话，而另外一种则是紧紧地闭牢自己的嘴。但其实少说话是对的，在工作场合很多话的是不能乱说的，明白这一点，你才会成为一个令人喜欢的新人。

在校园的时候，你需要顾忌的比较少，很少有需要谨慎言语的场合。但在职场，你如果不分情况、不分场合说话，往往会让人觉得你多少有点愣头青，即使你的想法是正确的，也会因为你不合时宜的表达而无人听取。

首先你要先给自己有个定位，认清自己的地位，说出的话要符合你的身份。如果你是你们部门资历最浅的那个，不管你年龄有多大，就不要在应该是领导发言的场合唱高调，更不能打断领导的话。职场是有所谓“地位”“层级”之分的，你不到那个位置，说出的话很可能没人买账，还会让人觉得你不懂分寸。

我以前认识一个奇葩同事。那时我刚上班也没多久，他是最后加入我们团队的，却总是拿出一派领导范，经常说“你那进行得怎么样了？”“快到最后期限了啊，加把劲儿！”等等的话。明明是同事关系，却好像我们都是他的下属一样，让人很不舒服。

更极品的是，他仗着自己以前工作有点经验，在领导发言的场合，也突然会谈一些“高论”，弄得我们部门的主管特别尴尬，没过多久，公司就把他辞退了。

我的一位做职业经理人的朋友也给我讲过一个新人的故事。有一次公司做产品的市场推广讨论，部门经理提及了一个方案，大家都没什么异议，只有一名毕业两年的研究生不识时务，开口就质疑道：“这样的推广方案，有没有理论支持？”弄得大家愕然了好久，都不知道如何应对。

不管你在学校有多大本事，刚进入新的工作环境，公司理所应当把你当成新人对待。你的言行如果出格得厉害，很容易遭人反感。

自恃聪明和自命不凡的你要记住，你在职场食物链最底层，还是要先保护好自己，最好方式就是保持言行上的低调。

除了要分场合表达，对于自己不了解的事情，你也应该三缄其口。

进入新的环境工作，你肯定会有很多事情不明白。你部门的工作氛围、领导的雷区还有其他部门做事的规则等等，你不可能在短时间内全部消化。对于自己不清楚的事情，你的表达如果不恰当，你不知道会产生怎样的“蝴蝶效应”，不管有意无意，你如果成为公司某个谣言的制造者，你接下来的职场境遇会无比的难堪。

我们部门曾经有个新人，因为她开始不了解公司工资的计算方法，对公司待遇情况不满，就对她同期进入公司的实习生抱怨薪金不高，牢骚发了一通。因为她在财务部门，很多实习生都相信了她的话。后来他们这批人的工作积极性直线下降，经理了解情况之后，立即辞退了她这个始作俑者。实习生们最后也发现自己的工资也没有她说的那样无法接受。

因为自己弄不清楚的状况随意表达意见，这个新人的后果就是典型的祸从口出。所以，在职场，传播不实信息，哪怕只是闲聊，也是不能触碰的禁忌。

还有一些年轻人，特别能说，但却“不会说话”，同样很吃亏。

我朋友给我说过他带的一个新人的事情。他说小K口才还是很好的，做销售比较有优势，平时也很容易跟客户打开局面，一般有他在都不会冷场。

但有一次因为一个订单出了问题，经理紧急召开会议商讨解决方案，大家都在积极表态，等到他发言的时候，他跟平时一样，敞开了话匣子说个没完没了，关键还不着边际，没有实用的策略。经理暗示了几次都不奏效后，只好直接打断了他，你要是没什么建设性意见，就先把时间留给他人吧。小K脸涨得通红，十分窘迫。

其实，对于年轻人而言，不论你有多好的口才，多么深刻的思想能力，不分轻重、不分场合的口不择言，真的会让你祸发齿牙。何时展现才华、何时谨言慎行，学会藏拙才是处世之道。

·“闷头学”比什么都重要

一旦进入职场，你会发现，这里和校园最大的不同就是，再也没有老师在你屁股后面推着你学了。

同样，你想要学习觅得良师益友，也不再是件容易的事。在今后职场的拼搏岁月里，你想要学习，只能靠自己了。

很多年轻人刚刚出来历练的时候，其实平台都差不多，基本上都要从零开始。但过个三五年你会发现，他们之间会产生惊人的差距，有的人可能已经成为公司的管理层，有的人依然在最开始的起点转悠。这其中最重要的莫过于个人的学习能力了。

当今社会是个逼着人不断学习才能不断进步的时代，科技日新月异，每天都有新技术、新方法在改变我们的世界。IT 从业人员对这点的感受会更明显。

对于职场人而言，学会自我更新才能更好地适应职场的变化，只有不断修炼自己，获得和职位相匹配的能力，你才能指望老板给你加薪升职，你才有底气去和老板谈这个问题。但和校园里不同的是，这次，再也没有人逼你去提升自己，你得靠自己。

这个道理年轻人都懂，但最终真正能定下心来通过自学提升能力的却没有几个。

来对照看看，下面这些情况有没有在你身上发生？

有的年轻人意识不到学习对自己的重要性，他们在校园里学习是为了应付考试而非充盈自己的智库，从来没有养成自学的习惯；有的觉得学习这种事总有下一个明天可以安排，在重度拖延症里放弃了曾经做好的自学课程表；有的则是那种急迫而盲目的年轻人，觉得自己要学的东西有很多，却不知道从何入手，最后乱学一通，哪个都没有学好。

其实，“闷头学”本领并没有那么难，只是需要你调整好心态，持之以恒坚持下去。

这一切的前提是，你要内心清净，别让自己陷入无聊而且损耗心力的职场“宫心计”里。

年轻人进入职场，心术要正，升职加薪要靠自己真实的能力。耍手腕也许会一时得意，但最终无法周全自己。把心思扑在提升自己上面，比花时间琢磨怎么钩心斗角更有意义。

心思定下来，就该想想怎么去学习让自己提升得更快。

你要主动一点。虽然优秀的公司也会有各种各样的培训拓展去增强你的软硬实力，也会安排前辈去指点你的工作。但你不能只是指望外部给你的条件和机会，有心的人自己去创造环境来为自己充电。你的工作随时都有可能出现新的问题，但公司不可能为你雇一个全职老师指点你所有的难题。

我以前做过一份行政工作，刚进公司的时候办公软件就是初级水平，可以处理一般文档，但没什么效率。在文件多的时候，我基本上无暇分身，也处理不过来。反而公司的一个前辈，用 Excel 非常熟练，他处理好 5 个报表，我才能整理出来一个。

于是那段时间我就成了他的尾巴，不仅主动追着他问处理文档的技巧，也抽空坐他旁边看着他工作，学习他的操作技巧，自己弄一个小本本，学一点记一点。自己下班后就开始疯狂练习，没有多久，我发现自己处理文档和表格的速度提高了很多。现在虽然已经不再做那份工作，但那段时间掌握的方法我到现在还很受用。

如果我就是坐在座位上等前辈来指导，不仅会耽误工作进度，久而久之，我肯定会被公司淘汰，毕竟没有公司会青睐一个不思进取的人。

还有，你要学会“求教”。其实在职场，肯定有职场大牛在你周边，也不乏扫地僧式的人物时时出没。能不能从他们身上取到经，就要看你能不能向“大神”虚心求教，肯不肯放下身段，寻找身边那些深藏功与名的传奇人物。

来说一个朋友给我讲的他自己的故事。

他刚进入公司的时候就听说他们公司有一个技术大牛 A，技术能力特别强，但就是人不好相处，会骂人，还很固执，所以虽然名气很大，但很少有人拿着问题去请教。

我朋友那个时候刚进入公司，遇到技术上的瓶颈，折磨了他好几天，他眼看项目要黄，没想那么多就一头扎进了那位传奇人物的办公室。

果不其然，挨了一顿骂后垂头丧气地出来了。

如此反复几次，他说：“我当时一见他就发憷。”

但我朋友就有股韧劲，不管 A 怎么对他冷嘲热讽，他还是会一直虚心请教。因为他发现在 A 的指点下，自己的技术能力飞速进步。

有一次，他去 A 的办公室请教，他说明来意后，还等着一顿狂风暴雨的训斥，没想到，A 把他叫过来，语气温和，还手把手教他解决了难题。最后跟他说以后有问题就来找他之类的话。我朋友简直受宠若惊。

后来他就成了 A 的徒弟，他们最后合作开发了一款软件，让我朋友受益匪浅。

朋友说，是我的好学和执着打动了他。其实 A 后来还是会骂我笨，但渐渐地，我发现自己也能独当一面了。”

你看，求教就是这样，你可能会被骂，会委屈，会感觉不公平，但你不能放弃，因为到最终，你会收获你想要的进步。

在职场，学习是永无止境的，不论是上班的 8 小时还是业余的时间。时刻保持充电状态，才能有立身的资本。但学习这件事情就像减肥，不要指望着一两天就能看见效果。你要耐住性子，潜心修炼自己，不浮躁不气馁。你得相信，投资自己什么时候都会升值。

·给别人台阶下，就是给自己留余地

中国有句俗话：“有理也要让三分，得饶人处且饶人。”这句话告诉人们，凡事都应该适可而止，给别人留有余地，同时也就是给自己留下后路。这种智慧同样适用于处理同事之间的关系。

我刚毕业的两年里遇见过一个同事，他资历很高，能力也很强，很快就在我们这批人里脱颖而出，领导也很赏识他的才干。每次只要有机会，他都第一个发言，而且滔滔不绝。但如果别人有一些不同或者不成熟的意见，他就会当面反驳，毫不留情面地直言相向。更不要说有摩擦和他产生冲突了，他肯定会追究到底，直到对方承认自己错误为止。

我曾劝他不要得理不饶人，他反而觉得如果对方没有错误，就算他想攻击也没有机会，所以一直没有改掉他的做事方法。到后来，同事基本上都对他避而远之。他觉得自己受到了排挤，辞职离开了公司。后来听说他在别家公司也遇到了这样的问题，跳槽的频率很高，一直没有很好的发展。

设身处地为对方着想，如果你总是像我的前同事一样不给对方留余地，总是在伤害对方的面子，在今后的相处里大家难免会对你记恨在心，最后被孤立也是意料之中的事。

在职场，不管是进入公司的新人还是久经磨砺的职场前辈，每个人都需要维护良好的人际关系，优质人际关系的核心就是让彼此在相处的过程中能舒服地一起共事。其中最重要的一点，就是懂得顾及对方的尊严。

有这样一句名言：人不讲理，是一个缺点；人硬讲理，是一个盲点。每个人的生活背景和价值观都不同，大家在一起共事，难免会有分歧和矛盾，人非完人，都会有犯错的时候。如果你不能给对方台阶下，总是咄咄逼人，表面上你很占理，自己也出了口气，但实际上已经埋下了下次矛盾的祸根。况且职场每日千变万化，你也很有可能被对方揪住小辫子，如果真的这样，你希望对方会怎么做？

作为职场新人，你有更远的路要走，与其自己一时得意而让对方对自己心有芥蒂，不如给对方留有余地，这也是在给自己安全空间，给自己做事留一条进退的出路。

有一家杂志访问了 25 位杰出的财经界人士，请他们说出影响他们一生的一句话。这些身经百战的大总裁讲出来的话当然字字珠玑，但是最吸引人的却是时代华纳公司的董事长柏森斯所说的“不要赶尽杀绝，要留一点退路给别人”。

这些职场大佬都明白，给他人留后路，就是给自己留生机。

韩国北部的乡村公路边有很多柿子园，金秋时节正是采摘柿子的季节，当地的果农常常会留一些成熟的柿子在树上，很多人表示不解。但果农有他们自己的解释，他们说，这是留给喜鹊的食物。

前几年当果农把树上的柿子全部摘掉，喜鹊因为没有食物而饿死的时候，果园里一种不知名的毛毛虫泛滥成灾，让果农颗粒无收。后来果农才想到留一些食物给喜鹊，喜鹊会帮助他们避免虫灾的威胁。

把喜鹊赶尽杀绝，还不如为它们留下后路，这往往就是给自己留下希望啊！

得饶人处且饶人说起来简单，可做起来并不容易，因为任何忍让和宽容多多少少需要让渡自己的利益。这个时候就要看你自己有多大格局了。

宽容往往考验你的胸怀和对事情长远观察的眼光。职场很多事情不仅要看眼前的结果，更要看长远的发展。大家在同一个环境里竞争，多给对方留一些情面，让对方多欠自己一个人情，看起来自己“受了委屈”，但总有一天你会因此而受益。职场人都明白，谁都不想欠着人情工作，一旦有机会，回报你的往往是一个你意想不到的惊喜。

得理不必抢尽，留三分余地与人，留些宽和与己，才是真正的职场相处之道。

在职场里，是非和规则很重要，但也有很多无法用制度条款来说明的真空地带，需要你用心来揣摩其中的边界。年轻人的职场路，更需要多一点宽容，少一些计较。

·有时候，你太过认真就是矫情

在学校里，很多时候需要你拿出认真仔细的精神来对待学习，有些工科生应该更有体会。做试验的时候一个数据、一毫升溶液都马虎不得。老师也会鼓励你和同学们多辩论去开拓思维，在学校辩论协会锻炼过的人也知道，辩出个黑白是很重要的事情。

在学校里你可以这样，还会给你带来更高的学习成绩，但进入职场，你要分清仔细做事和较真儿的界限，不要让别人觉得你这个人真“矫情”。

你若一定要拿学校那套认真劲来打破砂锅问到底，凡事锱铢必较，且过了度，最后就会被对方觉得“你这个人真没劲”。

职场新人时常在他们毫无意识、毫无察觉的状态下，为一时之气和上司、同事争执对错，而忘了从公司、团队的角度来整体考虑事情。作为新人，刚进入一个团队时，最要紧的是及时了解团队既有工作流程和模式，多观察同事待人处世的作风，争取尽早融入其中。

在个人对错上较真，你就真的输了。

我刚毕业那会儿，进入一家公司的时候就碰见过一个同事小周，他戴一副黑框眼镜，做事从来都是一丝不苟。一次主管开会商讨一个项目的推广方案，一个同事的方案大体上不错，但细节处仍需打磨，因为创意新鲜，最终主管决定采用他的方案。但小周却觉得这个方案有很多瑕疵，所以发表了有很多意见。在后来的讨论会上，他对这件事耿耿于怀，又从多个角度阐述了自己的理由。因为项目进程的关系，主管否定了他的意见，定稿还是选用了那一个同事的方案。

散会后他觉得很委屈，认为明明自己说得很在理，为什么坚持自己的意见还得罪了大家？

为什么？刚进入职场的你是不是和小周一样也有这样的困惑，明明是我的想法正确，我说出来还成了我的错？明明事情的经过就是这样，我帮他理顺了，他还怪我多嘴？明明就是对方什么都不懂，我帮他说说清楚，怎么还是我较真了？

你一脑门子问号，最后有没有问过自己，做这些事的时候，你考虑没考虑过对方的感受？

如果你从来都没考虑过对方是怎么想的，只是一门心思迫切地表达自己的“正确看法”，那这只是一种自私的表现。

很多刚从学校毕业的年轻人意识不到这一点，他们觉得，在校园里认真仔细是一个良好的品质，也带着这股仔细劲儿进了公司，凡事不分大小，不分场合，都要是非分明地说清楚，弄明白，分出个是非，让对方心服口服才算罢休，他们以为自己是在和对方讲道理，不知道自己已经开始招人讨厌。

职场上，有人和你意见相左是十分正常的事情。大家看事情的角度不同，自然会有不同的看法。走到职场，你会听到各种各样的想法，也许还会和你的三观冲突，但如果对方的想法得到了团队的认可，能够促进工作的开展，你就不应该去和对方辩白。如果你一定要争个红赤白脸，到最后只能是让他人认为你心胸狭隘，无法包容别人的观点还觉得你钻牛角尖儿。

不是所有人都有和你一样看待问题的思维，你认为重要的事对他人而言也不一定是大事，对于他们而言，非要去探究原因才是浪费时间。职场不是校园，同事也不是你的同学，大家坐在一起讨论意见，不需要你故作高深给他们普及专业知识，你非要去给他们“扫盲”，只能吃力不讨好。

不强迫别人接受你的三观，也是对他人的一种尊重。

如果非要较真，那就先跟自己来。使劲儿要求自己，敦促着自己不断进步，少去苛责别人，反而会让你在职场更快成长。

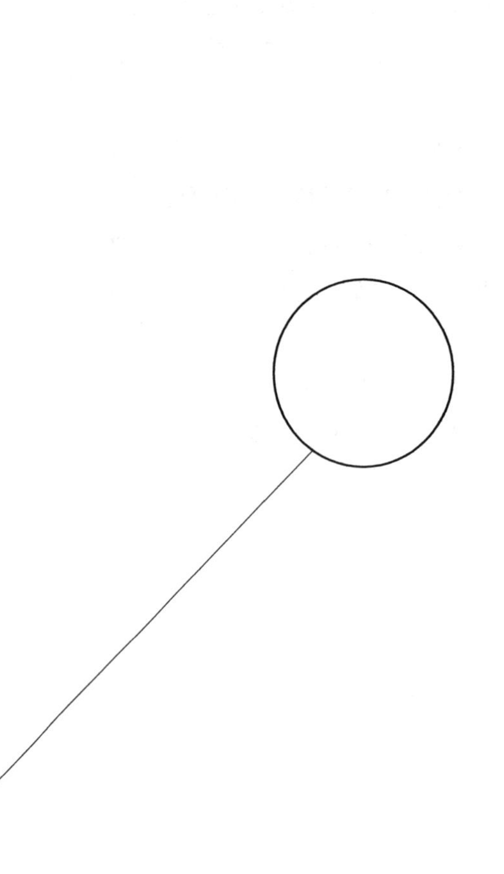

第三章

谁的职场不委屈？

——这5年，你要会走“上坡路”

·年轻人的第一份工作应该怎么做?

我当初和你一样，手里拿着千辛万苦得到的 Offer，心里发着懵。

我也知道你有一脑门子问号，面对第一份工作无从下手，心态要怎么调整？遇到为难处怎么办？

我很想一一解答给你，但我最想让你知道的还是，你要做好准备，每个人的第一份工作可能不同，但相同的一点是，肯定都会受委屈。

因为你已经失去了“学生”这层保护膜，向职场人身份转化，你将会进入“职场”这个崭新的领域，你需要重新适应它的规则。你会在第一份工作里就感受到它的冷酷，学会承担与成长就是你做第一份工作的意义。

第一份工作是你对职场的试水，对于初入职场的年轻人而言，学习能力跟领悟力就是最大的竞争力，虽然职场有很多章法要学，但至少在第一份工作里，你要夯实这两点，完成你的角色转变，成长为一个真正的职场人。

首先，你要去做一个主动的学习者。

学习应该是人生永恒的课题。从学校毕业来到职场，只不过是另一段课程的开始而已。

大到领导安排的任务自己完全不会做该怎么办，小到要不要和其他部门的同事打声招呼，从知识技能到为人处世，方方面面都需要你去思虑学习，时时更新自己的智库才是你攀爬职场金字塔的有力抓手。

但职场不是学校，没有人会主动问你掌握了多少，很多时候你会感觉自己是站在一片黑暗里摸索，孤独又无助。

我妹妹刚上班的时候，我经常半夜被她的电话吵醒，她一边哭鼻子一边给我倒苦水，为什么他们都那么刻薄？我什么都不懂，连问问题都要看人家脸色！

我告诉她，这在职场很正常，职场从来不会娇惯新人，没人再会围着你转了。你要克服心态上的落差，去主动做事、主动求教，这是你需要做出的第一个改变。

过了段时间她给我打电话不再娇气了，但回家吃饭的时候又开始抱怨工作没劲，“每天就是跑腿打杂，我学的东西都用不上，一点都没成就感。”她眼巴巴地看着我，“什么时候能混出头啊？”

我白了她一眼，“你这就是不踏实，不从小事做起，谁敢把大事交给你啊。还想一进公司就当经理？”

她吐了吐舌头不说话了。

现在很多年轻人跟我妹妹一样，都有眼高手低的毛病，以为自己毕业于名校，有高学历就能有高姿态，但事实上，对于公司而言，在你还没有创造价值之前，你之前所做的一切都可以是零。

进入岗位你会发现，作为新人，刚开始根本不会让你负责什么重要的事情，基本上就是跑腿打杂，很多志大才疏的年轻人根本就看不上这样“小事”，耽误了很多发展机会。

我带过一个名校的毕业生，刚开始就是做一些内勤的工作，他总感觉自己大材小用。但真干起活儿来，他连复印身份证都会弄反，让他送个报表还一直磨蹭着说好几遍才送到，不到一个月公司就辞退了他。

相反的，我朋友谦谦的第一份工作也是从助理做起，但她从不厌倦这份看似没什么技术含量的工作，每一个电话都交代得清清楚楚，每一个报销账目贴条都一丝不苟。慢慢地领导发现，她居然比秘书都了解自己的工作习惯，安排日程也十分熟练，她很快就得到了提拔。

我问她有什么秘诀，她笑笑说，就是用点心呗。

原来她细心整理汇总了每一个报销发票，自己总结出了领导的工作习惯，领导用到的时候自然得心应手。

所以别看不上领导安排给你的“小事”，每一件工作里的小事都有它的意义，有心的人自然会挖掘出它的价值。

第一份工作对你意义非凡，它可能并不理想也不优越，甚至还打破了你对工作的幻想，但它的确是你进入社会的第一站，你会有各种委屈，但这就是职场，坚持下去，成为让自己骄傲的人吧！

·每一年都要有所突破

职场是个博弈场，每个人都能从中得到自己想要的，对于进入职场没多久的年轻人而言，如果想要在这个职场金字塔向上攀爬得高一点，那你至少要做到，每一年都有所突破。

突破这个词对每个人的意义都不同，可能意味着加薪升职，也可能意味着自己在某些方面能力的提高和心态的成熟，总之，你要进步要成长。

年轻人在职场的冲劲儿还是很足的，谁都有一展拳脚的渴望，但困难的是将这种热情持续到工作的第三年、第四年、第五年甚至以后的日子。人家刚进入职场都会受到职场的折磨，但其实并不是每个人都能越挫越勇，屡败屡战。在工作中遇到职场瓶颈的人，有些人选择了和现实妥协，在原来的位置不再动弹，而有的人则会逆流而上，寻找更多突破的机会。

你问问自己，五年以后，你会成为哪一种人？

其实，不断进取应该内化成为你性格的一部分，而不是遇到困境之后才想着如何摆脱。如果你本身就是一个要求自己不断进步的人，即使职场环境倒逼你去改变，你依然能泰然自若地应对。

想要时刻保持职场进击的状态，你首先要告诉自己，你的职场生活不是随意的麻木状态，不是无意识地混吃等死，你在职场的每一天，都应该有所价值。

这个浅显的道理必须成为你的信条，才能让你不断产生前进的动力。在目标的驱使下，你才能主动发现自己身上的不足，不断地为自己充电，不断超越自己。

我有一个同学 G 就是职场进击的典型。

G 是他们入职那一批人学历最低的，只是大专出身。所以刚开始只能做一些基础的接待、行政工作，但 G 从来都不甘心只做一个前台。

他选择突破自己。虽然他之前理科基础很差，但还是下班以后上夜校、看自学网站，从零开始自学编程知识。在公司，他基本上帮过每一个同事像打水买饭、跑腿拿快递这样的小忙，和众人打成一片后，他又开始从技术部门的同事那里“偷经”，让同事下班给他开小灶上课，没有一年，他这个门外汉已经可以处理基本的程序问题了。

第二年公司招聘，他自己应聘了程序员的岗位，也得到了技术总监的认可。进入技术部门后，他更加勤奋努力，学习的劲头就一发不可收，他的毅力让他克服了自己之前的软肋，年终他成为了技术部门的项目组长。

现在他已经在那家公司干了 8 年，也已经升到了技术总监的职位。

过年我们见面，我恭喜他升职成功，他却告诉我他的野心还远远不只这一点。

“我一直想创业，但我总觉得自己的实力还不够，所以，再给我一点时间，我还能给你惊喜。”他的眼神里有一种坚韧和执着。

我同学的故事很励志，他始终知道自己想要什么，而且初心不变。和我同学一样的那些职场无畏的进击者，他们从来不给自己设限，总是在用力挖掘自己的潜能，征服昨天的自己。

所以，想要你的职场每年都有新变化，你得有目标意识和坚定的执行力。这是一个持之以恒的过程，你可能每天只能进步一点点，但就是这一点点，最终让你完成从职场小白到职场大牛的华丽逆袭。

·没有压力也就少了动力

身在职场，有时候真的会觉得身后随时跟着一只美洲豹，一旦它咆哮起来，你会自动进入生存模式，拼命向前奔跑。这头疯狂的豹子，就是你身边无处不在的压力的代名词。

而且，往往你会发现，当你觉得被压力攥住了喉咙喘不过气来的时候，就是你飞速进步的时候。它逼着你直面眼前的问题，向内挖掘自身的潜力，你在高压环境下总能成长得很快，因为在无形中，你所谓的压力已经成了你源源不断的前进动力。

说一个我大学舍友的故事。

舍友雷子毕业后去了一家小出版社当编辑。

一年多后，我在书店里居然看到了雷子写的新书，心想这小子真出息了。立马打电话约他出来庆祝。

几轮酒下肚，雷子告诉我，能出书完全是被生活逼的，我说你这不是挺能写的么，他叹口气说，不写不行啊，都火烧屁股了。

他断断续续讲了这一年的经历，我才知道，这小子刚进出版社没多久就觉得自己大材小用了，跟领导叫板，没多久就被开了。

“我生活费一下子就断了，房东大妈每天都砸门催我交房租。我当时只有手边的小说还当爱好一直写着能有点稿费，以前都当零花钱用，现在成了救命钱了。”他皱着眉，回想着往事。

“所以我只能拼命地写，把自己关在屋里，没思路了拿头撞墙，”他指着自己脑门，“这都磕肿了。但没办法，只能接着写。慢慢地我发现以前不会写的部分居然也有灵感了。后来我觉得写书挣钱这事靠谱，就一直走到现在了。”

他呷了一口水感慨道：“我现在还要感谢那段每天开水泡面的生活，要不然我还真不知道自己在写东西方面还有点潜力。”

所以你看，虽然生活压力时刻都在，但压力和动力总是在相互转化。它可以折磨得你生不如死，但也能让你加快升级改造。生活的重压虽然让雷子受了不少苦，但也激发了他写作的潜力。

在职场更是这样，谁都逃避不了压力的威胁，关键在于你能否顶住高压，合理应对压力，学会负重前行。

我有个朋友在一家外企工作，在那个以严苛企业文化著称的公司里，我朋友经常被骂。做报表不简洁、花样多被顶头上司骂，不了解季度全部预算和实际支出情况被经理骂，同事一起讨论 case（实例）自己不积极被 peer（同伴）骂……他说自己每天上班心理都要崩溃好几次。

但就是在这样的高压环境里，他最终学会制作工整大方的报表，因为积极交流观点被同事认同，成为领导眼中预算分析最得力的人。

他没有什么特殊的技巧，只是将压力看作是超越自己的动力，一遍遍调整自己的心态来工作。职场新人在工作的磨合期不可避免地会经受各种考验和选择，分分钟能变身“压历山大”大帝。想要像我朋友一样在职场压力中进步，需要你正视自己，调整心态来应对。

你要清楚自己的长处和优势，这样你能更有信心解决工作中的问题，还要直面自己的短板和缺陷，当下一次被领导骂的时候，你至少能更好地开导自己。最不济，你也要有点阿Q精神，告诉自己，不管怎样，事情都会过去。

要知道谁都不是吹不破的气球，该松气的时候一定要解开绳索，让自己自由呼吸。

我师妹刚上班的时候经常给我打心灵电话，抱怨工作压力大，自己搞不定等等这样的事。通常她牢骚发完了就会告诉我，感觉好很多。

所以当压力排山倒海袭来时，给自己一个合适的出口去发泄，撒酒疯也好，唱破嗓子也好，总之宣泄完你的负面情绪之后，第二天上班，请依然要面带微笑工作，办公室不相信眼泪，把压力写在脸上只会徒增你的烦恼而已。

最后，你要知道，没有压力的职场是理想的，也是可悲的，因为一个从来都感受不到压力的人也无法感受到超越自我的喜悦。

愿你能时刻调整好心态随时接受压力的挑衅，毕竟不管你在不在乎，它就潜伏在你身后，一直跟着你。

·真正批评你的人未必是针对你

谁都不想被他人数落，尤其是在被别人无情地指出自己的缺点或是错误的时候，多少会有些尴尬。

但你要知道，在职场，挨批根本就是家常便饭，而且的确不怎么好消化。很多刚从校园毕业的年轻人根本就吃不下这口饭，往往领导还没怎么批评，他自己已经觉得受了天大的委屈要辞职了，碎了一地的玻璃心没人收拾，也不记得领导为什么要训斥自己，更别说接受他们的提醒了。

大多数年轻人面对领导的批评时脑回路基本上是：生气（委屈）—反击对抗（死不承认）—发泄（消极怠工），然后不了了之。下次如果还会因为别的事情受到斥责，他们甚至会怀疑对方在针对自己，要不然为什么总是我？

对啊，为什么总是要批评你？你真的没有想过是因为自己身上有需要改进的地方吗？也没考虑过对方是在帮你认识自己，让你更快成长？只是用批评甚至责骂这样粗暴的方式。

事实上，在这个世界里，除了家中的父母，校园里的师长，没有人有义务对你指点一二，尤其在竞争激烈的职场，肯在你犯错的时候骂你一顿的人都是在主动给自己揽事儿，说白了是在为你负责，不关心的人谁会在乎你走了多少弯路，犯了多少错？

但狭隘的人往往无法接受自己有颗玻璃心的事实，总是纠结于批评这件事本身，忽略了对方真正用心良苦的善意提点。

我曾经带过一个实习生，看他办事靠谱，就愿意多指导他几句，有时候他犯错了我也会马上指出他的错误。我说话比较直也很严厉，他是个薄面儿的人，时间久了受不了我的辞色俱厉，和我大吵一架之后跳槽去了别的公司。

几年以后我们再相遇，他告诉我很后悔当年的事情。虽然去了新的公司再也没有人像我一样狠狠数落他，但也没有人告诉他事情的是非曲直，他自己吃了很多亏也才意识到，当年能有一个像我这样一直在身边鞭策他的人是多么珍贵。

不要等到你已经在歧路上走远的时候才想到要有贵人指点，如果这些人从来都在你身边，希望你能擦亮自己的眼睛，透过眼前盛怒的表情，看到他内心对你的关怀。

一个成熟的职场人，能够正确接纳他人对自己不同的评价，甚至是直接对缺点和错误提出的意见。他们知道，正因为有这些声音的存在，才能更全面地认识自己，更快地弥补自己的不足，让自己更快地成长。

我的师妹在一家杂志社工作，刚开始做校对工作的时候，因为几个错别字就被主编骂得狗血淋头。她虽然心里有怨气，但在工作中也更加小心谨慎。周末时间也去图书馆给自己充电，还专门总结了常见错别字不断复习，后来由她校对的稿子，不论是短篇还是长篇小说，没有一个错别字能逃过她的眼睛。

因为她的认真细致，她后来成功跳槽到了一家著名的杂志社。从公司离职的时候，她专门找到了主编感谢他这几年的指导，她说没有他的严格要求，她可能也不会对自己的工作如此苛刻，也更没有机会进入更好的平台工作。

忠言很多时候都逆耳，但却会指你一条明路；良药虽然苦口，但的确是治病良方。在职场，有种爱叫“恨铁不成钢”，有种成长叫“挨骂”，尽管“很受伤”，但这确实是弥足珍贵的警醒和支持。

所以，感谢那些真正在指点你的人吧，你要比那些犯了错还瞪着眼珠子说“为什么没人告诉我”的人幸运太多了。

·没有实践，哪来真知?

师弟上班第一天就差点哭晕在厕所，因为他发现，自己居然对于手头的工作完全是两眼一黑啥也不懂，晕晕乎乎一天过去，什么都要请教别人。

“哥，我这刚开始工作就这德行，干两天会不会被公司开了啊？”他一脸沮丧地看着我。

我拍拍他的肩膀说，“别着急，慢慢你就会了，本事都是在工作里干出来的。再跟我这儿哭不去干活，公司可能就真的会开你了。”

然后他的脸色好像更难看了。

很多刚进入职场的新人和我师弟一样，都是一脸懵圈状态，以前在学校学的完全用不着，有些岗位甚至要求自己回炉再造。

可能你心里会想，啥也不会怎么干活?

我要告诉你的是，啥也不会才要拼命干活!

公司把你招进来，说明你已经具备岗位要求的能力，之所以你会发现自己没地方下手，是因为你从前没有做过。想要涨经验涨技能，除了想方设法干好你眼前这些事儿，没别的路可走。

给你说一个人从职场小白变大牛的故事。

我的一个高中同学，去了一家待遇不错的公司做技术支持，后来服务器升级后出现一堆毛病，让他傻眼的是，很多技术问题在他这都“超纲”了。

他只能去挨个请教公司前辈，但他们谁都没给他深入指导，他只好回去翻书上论坛找大神指点，被骂了无数次之后才自己摸出了门道，顺利解决了那些问题。

慢慢地他成为了公司最年轻的技术骨干，有人以为是他聪明的缘故。只有他自己知道，自己写了多少行代码，犯了多少错误，没日没夜地熬了多久才对服务器的每一个参数都了如指掌。

你要问他怎么就成了技术精英，他会说自己其实没做什么，只不过把手头的事情干好而已，碰巧这点事有点棘手，那就想点办法搞定它。

就这么单纯，毫无套路可言。

所以同学你知道了吗，想要磨炼技能，没有捷径可言，眼下的工作就是你最好的锻炼机会。

其实技能的提升和工作是成正相关的关系，你活儿干得越多，就越能发现问题，（当然是在你思考的前提下），你死磕难题的过程就是你升级自己的时候，级数高了，自然“打怪”能力更强，你的工作也会越做越好。

这会形成一个良性的循环，不断激励你进步。

除了肯干，你还得接地气儿，弄清楚什么是“你想象的”和“现实中的”。

我师弟就在“自我想象”的工作里吃了不少亏。

他倒不像刚开始上班时毫无思路了，却掉进了另一个坑里：工作起来总是有点不切实际。

仗着自己专业学的是市场营销，每当进行项目推广讨论的时候他就引经据典，用各种经典理论来支持自己的方案，写了一大堆，但一到领导那儿就总被毙。

“我这方案多科学啊，你看看这一条条说得多有依据！”

他拿着方案找我，我翻了两页扔给他一句话“做完实际的市场调研再说别的”。

他倒是个听话的孩子，后来拿着一厚沓子问卷去找商户挨家挨户做调研，又结合线上调查，足足进行了两个多月才拿出一堆报表和优化了多次的推广方案拿给领导，领导看了说，这才像话。

这才真正给他上了一堂课，让他明白什么叫做“实践出真知”。

年轻人，在工作里别光放嘴炮，方法行不行，用工作结果来检验。上学时候学的那一套和现实是有差距的，职场不需要你成为理论家，而是实干家。

所以，这世上没有谁智商一直欠费做不好工作，也没谁觉醒“洪荒之力”瞬间成为技术大牛，有的只是那些在工作中脚踏实地、认真思考总结的平凡人，从工作的点滴小事做起，才成长为了不起的传奇。

当然，找准方向埋头苦干，下一个传奇也能是你。

·遇到流言蜚语，一笑置之

在职场，流言的威力是巨大的，而且就像你身边的空气，它无孔不入，又很难去追寻出根源。一旦被中伤，却往往百口莫辩。

可是只要身在职场，你就不可避免受到流言蜚语的冲击。很多职场新人经常在这方面栽跟头，碰了一鼻子灰还找不着敌人在哪儿，只能更加郁闷。

其实，你根本就不需要花心思去找谁在领导面前打你小报告，谁说你和客户有一腿才得到现在的业绩，谁又让你来背黑锅，谁又在传你和同事有摩擦是因为你们宿仇已深……

这些个捕风捉影的事情是没完没了的，你根本无从追究谁的责任，每个传谣者都有责任，而你要是像个侦探一样调查一遍，最后会发现，大家最终会把矛头指向你：你要是没问题，人家凭什么对你说长道短?

当然，这是个强盗逻辑。但也在提醒我们，职场上的流言蜚语，一笑置之即可，清者自清，时间总能还你清白。有的人即使谦虚低调做人，身边还是是非众多，你做人做事多周到也不可能堵住悠悠众口。虽然流言锋利，但不记挂在心上，自然无法伤你。

你要做的，就是更加专注你的工作，用你的人格和工作说话。领导可能会一时被小人误导，但没有哪个聪明的人能一直被小人玩弄。而且，如果你平时就已经和同事相处融洽，也得到了领导的信任，在是非流言面前，你平时的表现就已经在他们心里立下了标尺，不论是从道义还是情感上，你都能得到同事和领导的支持。所以，功夫都是在平时，问题出现时，不是靠自己一张嘴就能说明问题的，谁是谁非，他们都已经看在眼里。过多的辩白反而可能让你陷入小人圈套里。

我有一个师妹，因为业务能力优秀，工作没几年就连连高升，工作第五年就被总部派到我们公司担任一个重要项目的总监。很多人心里不服气，再加上师妹长相出众，刚到公司的日子里，每天都是关于她出卖色相才得到重用的谣传。

我知道师妹不是那样的人，她的男友是我的同届，他们的关系一向很好。我也曾为她打抱不平，但师妹的反应却很淡定，只是更加勤奋低调工作，迅速适应了工作环境，她性格又很友善开朗，很快就赢得了同事们的喜欢。时间久了，大家都看到了她对自己感情的坚守和精干的业务能力，那些关于她的谣言在一段时间之后就不攻自破了。

所以，身正不怕影子歪，内心清净的人行事自然坦荡。

身在流言漩涡之中的你要谨慎言行，作为旁观者的你也更应该明白“谣言止于智者”的道理。

在公司，尤其是刚入职的新人，由于急于融入工作环境，经常会加入一些不恰当的谈话场合中，这就包括在私下“传话”。

遇到流言蜚语，一笑置之

我曾经的一个同事就经常爱八卦，小到他人的私事，大到公司的人事调动、项目运行情况，她都能说得有鼻子有眼。有一次别的部门的谣言传到了领导那里，上层过来调查，她在公司资历最浅，再加上她平时就总爱说长道短，大家都说是她是始作俑者，公司最后开除了她。

你看，事情虽然并非因她而起，但她已经在同事里形成了大嘴巴的印象，最后躺枪说委屈，倒不如说是自己平时埋下的雷，最后炸伤了自己。

如果你是职场新人，你要注意，职场聊天并不是百无禁忌。你跟他人聊天无界限，可能觉得这只是同事间的玩笑或者表达亲近的一种方式，但事实上，在背后对他人指指点点本身就是很惹人厌的行为，而且在关系复杂的职场博弈里，被上级领导发现后，你最年轻，就有可能成为最后背黑锅的那个人。

虽然职场流言蜚语猛于虎，但只要你洁身自好，空穴来风的事情总会水落石出，花时间在这上面烦恼倒不如做好本分工作，让自己无懈可击。

·同事关系这样处理最科学

在职场，工作的很大一部分就是在处理各种关系，处理同事关系是很重要的一环。

和同事相处是门大学问，相处得好，会让你的工作顺风顺水，如果总是有摩擦隔阂，会给你平添很多烦恼，发现工作经常拧巴得不行。

如果你是个入职三五年的新人或者半新人，希望下面这份职场同事关系相处指南能帮你建立和谐良好的同事关系。

勤思好学，诚以待人

作为职场新人，千万不要不懂装懂，没人会觉得新人请教问题就很蠢。当然也不要什么都逮着你的同事去问。连翻译英文单词这种小事都要问别人的人先做好被翻白眼的准备。

要学会节省别人的精力和时间，所有问题都应该经过你的大脑思考和整理之后再去请教。问题导向性的学习不仅能让人看见你的努力，还会让你事半功倍，谁也不会讨厌会问问题而且谦虚好学的后生。

乐于助人，做个有人情味儿的人

平时帮同事和领导取个快递，捎杯咖啡都是举手之劳，但这样的小事做多了也会给你加很多印象分。你总要成长，在自己有能力的情况下多给予同事工作上的帮助，也是在为你自己以后铺路。

当同事遇到困难的时候，别作壁上观看笑话，做这种无谓的内耗，及时给予力所能及的关心和安慰会让人觉得你很贴心。人情不是刚开始谁都有的，关键时刻拉别人一把，将来他人投桃报李，你的感情投资会有超高的回报率。

尊重隐私，礼貌待人，适当赞美

在职场，千万别当 gossip girl（碎嘴女孩），那些喜欢在人后嚼舌头的人你也要远离为上。每天八卦的人最有可能成为替罪羊。别人不想说的事情不要刨根问底，非要问个前因后果会让人觉得你很没教养。

如果别人取得了成绩，别吝惜你的赞美，当然这应该是发自内心的，想想看，你如果有一些进步，难道不想得到他人的认可吗？在职场，你想让别人怎么对待你，那你最好就怎样对待他。

另外，如果你是公司新人，请保持彬彬有礼的态度，和同事拉近关系，从一声“早上好”开始，谁都喜欢和大大方方的人打交道，你要是见了谁都低头走路默不吭声，别人不会认为是你羞涩，而是孤僻。

主动沟通，解决摩擦

同事关系本身就包含着竞争，如何将紧张的竞争变为互相促进的良性交流，是你作为新人应该思考的问题。

在竞争中遇到问题，主动示好进行沟通交流，会省去很多不必要的误会。我的同学曾经被公司指派到总部学习，学成回来后给同事培训时，有位老员工 K 问问题时总是刻意刁难。他并没有公开发怒，只是私下找 K 聊天，才知道 K 是因为自己无意间的一句玩笑觉得在针对他，我同学马上解释道歉，并请教 K 工作中的一些问题，才化解了一场矛盾。K 也看中了他坦诚的品质，在后来的工作里也给予了他很多帮助。

不要等到问题不可收拾的时候才想要挽回，所有矛盾的爆发都有一个积累的过程，在萌芽阶段就解决掉才不会给你造成后患，做得好反而能把对手变成朋友。

公私分明，距离合理

公司是大家一起工作的地方，要适当避免过多的私人交往，尤其不要像祥林嫂一样唠叨抱怨自己的，谁都不喜欢和浑身负能量的人打交道。切勿交浅言深，话说多了你以为是坦诚相待，别人可能会觉得你们关系还不到那一步。所以保持适当的距离很重要，不仅能让你有自己的舒适空间，也能在处事中进退有余。

总之，不管你是不是能全面掌握这些与人相处的技巧，待人接物你都要秉承一个原则：己所不欲，勿施于人。如果你能做到更好，说不定在你漫漫职场路上还能遇到亲厚的同事甚至是亲密的朋友。

·不愿和不会合作的人都会被淘汰

最近，有个朋友找我喝闷酒，他说自己要被猪队友坑死了。

好好的一单生意马上就要成了，他同事却不知道哪根筋不对说让客户再看一眼合同再签，结果客户看完合同就开始犹豫了，不管朋友再怎么显摆三寸不烂之舌，客户也没回头，后来这笔单子就黄了。

“我都看见客户从包里拿笔了你知道么！”他把桌子拍得山响，“我怀疑他是别的公司派来的卧底！平时不爱搭理人就算了，关键时刻还拆台算怎么回事……”

他巴拉巴拉发了一通牢骚，对猪队友表示了强烈的鄙视。

在职场，你一定不想经历我朋友的遭遇，因为谁都知道，没有合作，人在职场简直寸步难行。

这是个被说烂了的道理，但问题是，为什么这条已经被证明了无数次的“职场真理”还是有人嗤之以鼻？

这些不愿合作的人内心 os（内心的独白）可能是这样的：

我一个人就能做好的工作为什么还需要别人，这不是降低效率吗？

他们的讨论那么无聊我为什么要加入，反正谁也没我的创意新鲜。

我就喜欢自己做事，清净又自由，反正完成任务就好，你管我怎么干？

……

总之，他们认为，合作意味着个人力量的削弱，比起团队的利益，他们更在乎个人的成就。

人通过借力与协作，能有效弥补自身短板、缩短实现跨越的时间，不懂得通过成就团队来成就自己的人，既不能在职场站的住脚，更别提走得长远。

但那些人肤浅的地方就在于根本弄反了合作和个人成长的关系。

我曾经有一个同事就是这样，他个人能力的确很强，很多工作不管分内分外都抢着去做，也不管别人答不答应，手里的资源从来没有给我们分享过一丁点，小组讨论时他也要滔滔不绝讲个不停不给他人留时间。虽然他个人业绩很高，但我们小组的业绩一直排名落后。

到年中测评时，他成了我们部门得分最低的人，理由很简单，虽然是尖兵，但自己的一套工作方法完全不顾同事甚至领导的安排，早就让我们在心里给了他差评。

他不服气，还觉得自己做了很多，申请调到别的部门。但后来听说在其他部门也是这样不受人欢迎，最后自己辞职走了。

作为职场中人，你一定要明白，不要和团队对抗。如果要让公司在集体和个人之间做选择，毫无疑问，能力再强的个人也会被请走。

为什么？因为公司是由一群人组成的，而不是一个人可以搞定的。公司完全可以再去花心思培养一个能干的人，这比再去耗费大量时间精力组建一支成熟的团队要容易多了。哪个公司都会算这笔账。

不愿和不会合作的人都会被淘汰

合作事实上是一种人们为了规避风险而采取的手段，最终的目的都是为了让自己最大程度获益。想想看，如果房子要塌了，是你自己一个人胳膊粗顶得起来还是一群人帮你扛着顶得住？

所以，在职场，个人能力是一方面，更重要的是要学会和他人合作，共同承担责任、完成任务，在这个过程里，你可能要妥协自己的利益，交换自己的立场，放弃自己的想法，但同样，你会开阔你的眼界，增进你的学识，丰富你的思想，升华你的境界。

因为合作，本身就带着共赢的色彩。

我的一个哥们是个技术大牛，最近跳槽成了一家创业公司的技术总监。他们公司开发的游戏刚上线就得到了众多玩家的追捧。

我说你真是走运，找对了平台，他捶了我一拳哈哈一笑，不置可否，“我手里有技术，他们正好有个好项目没人做得出来，我说我想试试，当时就一拍即合。后来合作挺顺利的。现在，我这也算是发光发亮了！”这小子还挺自豪。

你看，这年头，就算你身怀绝技，也得找山头入伙才能有奔头。

现在这个时代，你想独步江湖已经没那么容易，各路豪杰都已结成联盟，想当独孤求败之前问问自己，单枪匹马你能打得过几路英雄？

·留个心眼儿，为跳槽做好准备

跳槽是年轻人嘴里的高频词汇，尤其在工作的前五年，飘荡不定的新人总会有各种各样的理由离开原来的公司。

话又说回来，工作对于人的意义就是为公司和自己创造价值，如果你眼下的工作已经无法满足这两点中的任何一点，那么考虑跳槽并不是糟糕的决定。

对于具有明确职业规划的人而言，如果眼下的工作已经不能提供成长的空间，他们会立即选择跳槽。

但并不是每个人都有清晰的职业规划，很多人都还在“凑合”着上班，他们既不满眼下的工作，又不知以后方向如何，只知道“我今后一定要跳槽”，却还不确定自己能不能跳走或者跳到哪里去。

不管你是前者还是后者，只要你把眼下工作里的每一件事都当成今后跳槽的积淀与准备，能抱着这样的心态去做眼前的工作，想到更好的公司里去发展，真的是没人能阻拦。

因为在这个过程里，你已经学会了职场自我更新的重要法则：改变自己，去迎接未来新挑战。

我有一个朋友，刚上班没多久就因为工作压力太大想跳槽，但总觉得自己没什么资本，只好按下这股劲顶住压力工作，并逼着自己做了很多之前做不来的事，比如当众演讲、独立与客户谈判、组织大型年会等等。他的工作能力在不断突破自己的过程里有了突飞猛进的提高，两年后，已经有猎头给他打电话让他考虑更高薪的职位了。那个时候他才认识到，只要自己变得优秀，自然会有好的工作虚位以待。

年轻人如果你想急着跳槽，最好还是先从培养提升自己开始。

现在的工作可能有些专业技术需要花时间接受培训学习才能掌握，但各行各业工作中的 soft skill（软技能）基本上是相通的，比如你工作的思维方式，你看事情的眼光格局，你做事的细致程度等等，这些优秀的工作品质完全可以在你目前的工作里锻炼出来，如果你已经下定了跳槽决心，那就从现在开始在你眼下的工作里不断向下扎根沉淀自己，当你有底气有能力的时候，再去选择更高的平台。

除了能力上的储备，更需要你心态上的成熟。的确，跳槽要面临一定的风险，也许你会失败，你是否已经考虑好跳槽失败后给你今后生活带来的影响？你能否承担这样的成本？这一系列问题都应该是你在心里种下跳槽这颗种子前考虑好的。

所以跳槽不应该是你头脑一热的想法，需要你对自己有着明确的认知，是你深思熟虑后结合自己实际情况做出的最佳选择。这世上没什么后悔药，走出这一步，就不要想“如果当初”，你能为你做出的决定负责，才是一个成熟职场人应有的表现。

当然，跳槽还意味着一些企业辞职的手续要办理，对于自己的劳动合同的细则和保险金的缴纳，你心里都应该有数。考虑周全才能让你的跳槽计划真正无懈可击。

人才的流动是职场的常态，能创造更高的经济回报和更多的价值，何乐而不为呢？如果你已经有了跳槽的目标，也具备了跳槽的机会和能力，那么就大胆迈出这一步吧！

第四章

话都说不好，你还想着成功？

——这5年，你要能说一口"漂亮话"

·想成功，要练好口才内功

上班没几年你就会发现,那些做事很多的人总是没有那些“会说话”,尤其是会说一口“漂亮话”的人升职加薪来得更快。

有些人一开口说话，几分钟就能讲清重点，演讲时也从不怯场，滔滔不绝、口若悬河，能一口气儿说好长时间，见客户也很快打开场面，谈笑风生，谈个单子下来几乎就要和对方称兄道弟。

可一轮到自己，怎么就变成了汇报工作就啰里吧嗦，公开讲话忘词儿断片儿，约见客户也是心里直打鼓。总之，自己怎么就那么笨，没长人家的那一张巧嘴呢?

但事实上，没有谁天生就是演讲家，很多话之所以你说不出来或者不会说,那是因为你的智库和人生经验里根本就没有储备这方面的内容。

我们公司里曾有一个著名的“大牛”，这个大牛虽然技术很神，但在单位基本上就只会闷头干活，也不爱说话，大家都很难和他沟通交流。

大牛说他自己不会聊天，每次看我们都聊得热火朝天的，他根本就插不进嘴，我们说的事情他都不知道。

我想了想，同事在一起也没说什么深刻的东西啊，不过是一些时事新闻、股票行情。我就说，就算你不知道我们在聊什么，你也可以另起一个话题啊。

“说什么好呢，”他还是一副茫然脸，然后低下头喃喃着，“没事，反正我都习惯了。”

我也没再说什么，觉得可能他性格就是这样吧。

后来大牛跳槽去了另外一家公司。

前些日子参加一个行业座谈会，我正在台下打瞌睡，突然听到台上响起一个熟悉的声音，我定睛一看，惊讶地合不拢嘴——台上那个人，居然是大牛，代表他们公司正在做演讲！

整场演讲下来，大牛说话妙语连珠，自信风趣，短短的几分钟里掌声不断，结尾他还幽默地讲了一个笑话。

台上这个人还是我认识的大牛吗？

他好像在台上看到了我，下台之后主动过来找我攀谈，看着我下巴快掉地上的表情，他笑着说，怎么啦，见老同事就这么激动？

我说我激动呗，士别三日当刮目相看啊！你怎么口才变这么好啦？

他挨着我坐下，简单说了说他是怎么摘掉嘴笨这个帽子的。

“离开公司以后我也觉得自己太窝囊了，大老爷们怎么连话都说不利索呢。我就下定决心去锻炼自己的口才。”

大牛就把市面上那些教人说话的书买了个遍，但他说自己都看完了也没啥长进，那个时候他才意识到，不是书里说的不对，是自个儿肚子里太没货了。

后来他买了很多书来读，也慢慢养成了思辨的习惯，读书之外，也走走转转去了不少地方，觉得自己的见识有长进了才敢当众说话。再加上一些方法的训练，他终于能上台演讲了。

他给我看他的微博，基本上都是他每天打卡学习的记录和各地旅行的见闻，从哲学到历史，从北京的小胡同到巴黎的铁塔，他把自己埋在书堆里，不停歇地学习，不驻足地行走，看得我心里默默地给他点了一个赞。

大牛说得轻描淡写，但我由衷地钦佩他，从一个不知道怎么说话的人到能在众人面前演讲，这个过程里，他有多努力地扩展自己的知识面，丰富自己的视野，刻意训练自己的说话技巧，才能成为现在站在台上那个万丈光芒的自己。

一跟领导说话就紧张的你，想想看在见领导之前你有提前整理自己的说话逻辑，脑子里准备好领导想要知道的信息了吗？

从来都无法自如发挥，一上演讲台就直哆嗦的你，想想看你的储备里是不是根本就没有多少和演讲相关的干货？

你肚子里没墨水，脑袋里没想法，怎么可能有一副三寸不烂之舌？

没有谁从娘胎里出来就是伶牙俐齿，想要有一副好口才，先从练好“内功”开始——武装你的大脑，提升你的内涵。

只有你的大脑先成为一片沃土，你才能真正口吐莲花。

·面试时间，捡“有用的”说

HR 姐姐最近很崩溃，她说自己快要被那些求职者折磨疯了。

“还研究生呢，连个工作经历都说不清楚，罗列了一大堆，没条理没重点，听得我神烦！”HR 姐姐一边揉脑袋一边吐槽，“这还不是个别现象，那些人真的不知道说什么有用吗？”

我被问到了，心想当初自己初出茅庐的时候应该也是这样吧，以为自己说的句句有用，没想到面若冰山的面试官心里已经在默默地差评了。

大家都知道面试很重要，也肯定会努力把自己说成一朵花，但到底在短短的几分钟里，哪些话说了才能给自己加分，哪些话说得越多越是让人觉得废话连篇？

关键在于应聘的岗位，你选择要说的话和你做应聘的岗位关系越紧密就越有用。千万不要把你的简历流水账一样再介绍一遍，要知道面试官在坐在你面前的时候基本上已经对你简历里写的东西有了大致的了解，听好多人都重复再说一遍的感觉会让他想要掐你脖子。

你要重点说的，就是你与应聘岗位要求相关的工作经历和个人能力以及简历里的加分项。而且不是那种“我擅长沟通，踏实肯干，富有协作精神……”这类的空话和套话，拿出你的论点和论据来：你说你擅长沟通，哪里能体现出来？你说你能给公司带来巨大的价值，要我怎么相信你？

说具体的事情，让你的观点站得住脚，HR才会相信你不是在放嘴炮。

我有一个高中同学牛得很，一个不知名的二本学校出身，PK掉了和他一起竞争的985高校的精英们，去了他心心念念的一家著名互联网公司做产品专员。

当时人家公司要求学历至少211，有过硬的技术和一定的审美，还要懂产品思维等等。他有一点没底就是自己学历不过关，其他条件他觉得自己都够。

但他简历做得相当漂亮，逻辑清楚、层次分明、重点突出，拿给我看的时候我就觉得他有戏，就跟他说，哥们你去试试，好公司肯定会不拘一格降人才。

果然他进了面试，还一路披荆斩棘过了三面，拿到了自己心仪已久的offer。

我们后来一块儿去玩的时候，他在路上告诉我，其实那次面试，他真是沾了会说话的光。

在其他人还巴拉巴拉说自己在学校得了多少次奖学金、在学生会做了多少次活动的时候，他只是把自己的教育经历一带而过，开始重点说自己工作期间参与的优秀项目，拿出了他做的交互模型，顺便还谈了对新公司APP的使用经验和改进建议。HR很买他的账，精干的技术能力和专业的产品思维把他送到了产品总监的面试桌前。

在最终面的时候，产品总监让他谈谈对公司当前产品的看法。

因为他之前对新东家做了很多功课，所以他对公司的一线产品都有深入了解，思考了一会儿，他不仅详细阐述了公司产品的市场表现，连公司竞争对手的同类产品也做了分析，两相对比他给出了自己的看法。

想得快，比产品经理还周全的人公司能不要吗？

那些总是在面试里自嗨的人到最后都有点想不清楚为什么没有被录取，我又有经验又有学历，情商也没硬伤，怎么公司就看不上我反而要录取那个一没我学历高二没我经验丰富的菜鸟？

是，人家是有好多地方都不如你，但至少在一件事上他比你强，他比你清楚 HR 想听什么，听得懂 HR 潜台词，知道如何说服 HR。

那些在面试里栽了跟头的人，要不就是不懂得如何突出自己，要不就是一头扎进了 HR“挖的坑”里。

比如下面这些问题，想想看，自己栽过没？

A.“你为什么选择我们公司？”

其实他是想明白你能在公司干多久。如果你诚实地说“我海投简历到这里的”，他肯定会怀疑你的求职动机。

B.“你觉得自己是个乐于助人的人吗？”

你以为他是在考察你的品德？他其实是在考虑你的处事方式。你要是一味地说自己是个什么事都爱帮一把的热心肠，也许 HR 会考虑你不适合做行政工作。

……

你如果连 HR 的话都听不懂，就更不知道说什么对自己有用了。所以，说话前动动脑子，想一想 HR 的目的再说话。

总之，面试时听懂HR的话再去靠谱地扯，还要拣“有用的”说才行！

·说话要有分量，更要有分寸

在职场，我很讨厌遇到说这些话的人。

遇见公司大龄未婚女青年，不管对方是否愿意，聊天话题总是绕不过恋爱和婚姻：

——最近约会没？

——你看你也老大不小的了，别挑了，赶紧结婚吧！

每次遇到这样的人我都想翻白眼，你又不是我妈，要你管！

或者不知道从哪里打听来的小道消息，无非同事的桃色新闻和领导的家世背景：

——哎，你知道 ×× 和 ×× 居然在一起了吗？我看他们那么暧昧，×× 还是结了婚的呢。

——咱们部门的那个 ××× 居然是总经理的侄子，怪不得提拔他呢！

听到这样的谈资我会赶紧抽身走人，并减少和对方的来往——能在你面前说别人是非的人，早晚也会在别人面前说你长短。

这些总是随意评判别人、经常八卦办公室新闻的人都忘了，人身在职场的一个必要修养：尊重他人隐私，适时闭嘴。

还有一种人估计你也遇到过，这种人说话从来口无遮拦，给你造成了伤害还在以“我性子比较直”为由开脱自己。

我们公司有个做编辑的妹子，平时性格挺温柔的，不知道怎么回事，有一天下午突然就和教学部的一个姐姐吵起来了，刚开始是斗嘴，后来说话越来越难听，升级到动手的地步。

两个女人撕起来真是让我目瞪口呆，愣了一下以后，我赶紧上前把她俩拉开，妹子头发也乱了，俩大眼睛泪汪汪的。

我赶紧安慰妹子，她呜呜咽咽哭了半天我才从她嘴里问出来。原来是教学部的姐姐说了几句风凉话，什么我每天教学生累得要死，你们在办公室吹吹空调喝喝水就能挣工资，真清闲，这之类的话。

妹子一听就不高兴了，什么叫我们每天就坐着吹空调啊，微信运维是你们么，招生你们管吗……

总之，俩人一言不合就吵吵起来了。

后来部门经理出面，两个人相互道歉，教学部的姐姐说，我性子就这样，有啥说啥，你别见怪。编辑妹子轻声嗯了一声，这事才算完。

虽然看起来这是件不起眼的小事，但我还真的挺为教学部姐姐的情商着急的。

说话比较直接就可以随意指责批判别人么，拿性子直当借口，当别人都听不出来？

这件事没多久后，就听到她辞职的消息，原因居然还是她那“耿直”的性子，当场把学生骂得狗血淋头，正好撞见了来看望学生的家长，然后她就被投诉了。

现在有很多人把人和人之间应有的尊重和距离当成虚伪，反而把粗鲁和狭隘看作“真性情”。其实为人处世和说话的分寸感是社交中最重要的部分之一。如果你拿捏不好说话的分寸，倒不如沉默以微笑。

还有些人天生跟人自来熟，把他扔进一个陌生人的圈子，没多久就能把人家背景问得清清楚楚，这样的人大多社交能力强，但往往也会在一张“嘴”上吃亏。

我发小就是这种人，他干销售一向顺风顺水。一次公司有一个重要的单子让他去谈，和客户见面后，他发现客户和他居然是校友。

他俩人越说越投机，就聊到学校一个带过他课的 × 教授身上了，他本来知道分寸，但对方执意要求他说一说对那位教授的看法，他也就敞开了心“那个老师嘛，觉得自己是教授就一副清高样子，上课老是点名，我们都超级讨厌……”

他话还没说完，就觉得客户的表情不大对，果然，他这边刚说完，客户就来了一句“嗯，× 教授是我爷爷，没办法，老爷子岁数大了，是有点刻板。”

发小的脸烧红了大半边，赶紧道歉打哈哈圆场。但这笔单子最后还是黄了。

从那以后，发小再也不会跟只有一面之缘的人乱说话了。

其实，我们跟生人与熟人讲话本来就有差别，交浅言深的人对人际关系的心理把握不太成熟，越是想要用亲近的话题来和对方交好，越是容易在话题选择上陷入圈套。

真正聪明的职场人，只识人不评人，并不会巧言令色，更没有说起话来没完的时候，而且往他们往往都懂得在合适的场合沉默，说起话来却让人如沐春风。

因为他们知道，自己说过的每句话都有可能为它买单。

·在职场上，开口就要说重点

麦肯锡有一个著名的“30 秒电梯理论”。

这来源于他公司的一次深刻的教训。他们公司曾经为一家特别重要的大客户做咨询，咨询结束的时候，麦肯锡的项目负责人在电梯间里遇见了对方的董事长，该董事长要求他在电梯从 30 层到 1 层的 30 秒钟内把结果说清楚。但由于该项目负责人之前没做准备，他搞砸了这次谈话。最终，麦肯锡失去了这一重要客户。

这之后，麦肯锡就要求公司员工凡事都要在最短的时间内把结果表达清楚，凡事都要归纳在 3 条以内，直奔主题和结果。

所以，在职场的一些场合里，你可能会像那个项目负责人一样，并没有太多的时间来阐述你的 ABCD，往往在你没说完之前，领导已经皱着眉头让你出去了，有时候你还会错失许多珍贵的升迁机会。

毕竟，谁的时间都很宝贵。

公司有一个哥们 A，我们都害怕和他一起开会，每次和他讨论问题的时候，他虽然嘴上说“我就简单说两句”，但往后的半个小时里，你就看他唾沫横飞地没完没了地长篇大论吧，从设计到营销，他能指点个遍，但都是东扯一句，西拉一段，完全没有重点，说了一大堆，最后却是不知所云。

后来开会的时候经理都不给 A 发言的机会，他还挺委屈，我们倒是长出了一口气。

谁都不想成为 A 那样的人，但这话到底应该怎么说才能直奔主题，直达重点?

想要说话直奔重点，你脑子里就得有“关键”。

我做实习生的时候特别害怕向领导汇报工作，头儿总是在听我说完以后皱着眉头说，你说话能不能别兜圈子，直接说有用的。

我仓皇逃出办公室，求带我的师傅指点。

他跟我说，你之所以说话没重点，可能你真的不知道领导到底想听什么。

我：啥？领导想听的不就是我的汇报嘛。

师傅: 那也有个主次之分！头儿要是就想知道设计总监招聘的情况，你跟他说半天你最近各个岗位的招聘计划，他不撵你走才怪。

我被说得哑口无言。

师傅：对方最终需要什么信息、你最想告诉对方什么信息，那才是重点。

看我似懂非懂，师傅开始举例子：如果你要应聘一个公关相关的岗位，告诉 HR 你能喝半斤酒就比搬出你的 985 学历背景更有说服力。所以，了解对方需求，开门见山，是最简单易行的方法。

我捣蒜一样点头，师傅您说得对。

师傅：在开口之前，你还要精心组织语言。

师傅给我列了几个问题："是什么(描述问题)、为什么(分析问题)、怎么办（解决方案）？你可以用最简单的几个问题在自己脑海里列个提纲。"

师傅滔滔不绝："有了这个框架，找到你表达的关键词，就是你话题的中心，分清主次，去粗取精，先将重点说明，有机会再去丰富细节，融为一体来表达。"

他给我说完，我瞬间觉得他高大了许多。

这个方法我用到现在，百试不爽。

不仅仅是向领导汇报工作，在职场交流的各个场合，想要高效沟通，开口直接说重点就好，别和你的领导打哑谜。

曾经有位员工在我这儿磨叽了半天，一会儿说现在物价高得离谱，什么都买不起，一会儿又说自己闺蜜前几天跳槽工资翻了一番，她还想说别的时候我直接问她，你是不是想涨工资？她立马正色道："我正有此意。"

"3 分钟内说服我。"我停下手头工作，等她给我答案。

但我有点失望，她可能没想到我这么直接，说话有些语无伦次，3 分钟时间到，我告诉她，再去准备，改天再来。

职场里的每一次发言都有可能成为你的“关键对话”，重要的发言每一句都值得你去准备，升职加薪就有可能在你开口说出的每个重点里呢，这个姑娘真是不走心。

那遇到突发情况没准备怎么办？

所以就要看你平时的积累和实践啊。当你将这套指令输入到你的大脑并且不断循环的时候，还怕什么老板突击吗？

所谓灵光一闪都是经验积累而来。深思熟虑才应该是你说话前的常态反应。

· 太能说和太沉默，都是你的错

公司有个同事大家一般都不去招惹，我们送他绰号“橡皮哥”，因为凡和他搭上话，这几天他都能像橡皮膏一样贴在你屁股后面说个没完。

该我倒霉，一次和“橡皮哥”一起出差，路上我本想打个盹缓解一下这些天加班的疲劳，但他的嘴就像装满了弹药的机关枪一样，一直在我耳边扫射：“你知道吗，我最近换了辆新的 SUV，开起来倍儿爽……（以下省略一万字关于他开新车的体验）。”说得我要睡着了，最后问我一句，哪天我们一起去野外烧烤?

没等我回应，他自己又接话茬“我家有工具，你买吃的就行，叫上你女朋友，咱们去 ×× 吧，那个地方特别美，空气新鲜，我一个朋友告诉我的……”我侧了侧身子，刚张开嘴还没出声，他又起了一个新的话茬儿：“说起我那个朋友啊，对，那个杨 ×× 你认识吧，好像你们之前是一个公司的……”

我干笑一下算是回应，心里却在咆哮：Oh my God，shut up!（天哪，别说了！）

可能是真的想找些话题跟我聊聊吧，但不分场合也不看我感不感兴趣，真是让我心累。他如同传闻中一样，只要是清醒着，无时无刻不在说话！

要不就是八卦公司里的各种绯闻，要不就是吐槽公司里各种规定，加班多，工资少等等，我只能呵呵。

回到公司我就忍不了了，有事没事儿找我搭话，我一边写出差报告，一边听他说自己最近失恋的消息，在他打断我好几次思路以后，我终于忍不住爆发了，你能不能别在我工作的时候跟我说话！

他一脸诧异，我把你当哥们才给你说这些的啊。

我没理他，从此他再也没“骚扰”过我。

谁的职场都少不了沟通，但像这样的职场话痨，谁都会避而远之吧。

毕竟，我们在公司交流的目的在于更好地开展工作，总是跟你叨叨一些和工作无关事情的人可能把你当闺蜜、当兄弟，但绝对没把你当成一个工作伙伴。

要不为什么总是学不会尊重你的时间和精力呢？

和这种太能说的人相反，还有一种人，简直就是职场的隐形人。只会闷头干活，把嘴封得死死的，什么也不说。

部门聚餐不说话，开会讨论不发言，干活遇到困难也是自己憋着，在格子间里闷头坐一天都不动，好像动一动就有人注意到他，和他打招呼也不情愿。

我刚毕业那会儿特别腼腆，以上几条我全中。以至于和我一起入职的同事都升职加薪了，我还在原地转圈。

和一个关系不错的学长说起这事，他说，你这是何必呢，能力又不差，还干了那么多活，为什么不主动提要求？

我皱着眉说，要是行不通怎么办？跟开会发言一样，要是说错了怎么办？多丢人啊！

他一巴掌拍桌上就冲我吼，哪来那么多“不行”和“不对”？你以为大家都关心你面子啊？你老在原地待着不动就不丢人了？

我仿佛醍醐灌顶，一下子就清醒了。学长话糙理不糙，的确，公司哪有那么多人关注自己，所谓怕丢面只不过是我假想罢了。

学长语重心长地告诉我，你老是把评判自己的权利交给别人，时间长了，你连自己是谁都弄不清楚了。都挺大人了，别害怕表达。

我点点头，学长，这话我记下了。

想想自己之前之所以不爱表达，还是因为对自己没有信心，而且太在乎别人的评价了，害怕被拒绝，害怕被否定，总想用沉默来掩饰自己身上的不足。

但慢慢地我发现，沉默不是什么遮羞布，更不是金子，虽然不会祸从口出，但也挡住了职场发展的路。

竞争激烈的职场，要发出自己的声音别人才能听到，要真是匹千里马，就得嘚儿嘚儿快跑着去找伯乐，还等着伯乐亲自上门的都是伪赤兔。

如果你刚好上班没几年，警惕自己成为“贫嘴王”和“隐身侠”，因为这种不讨喜也没存在感的人设早晚被淘汰，别做这样的炮灰。

·有时候你也需要有点“段子手”精神

刚刚进入职场没几年的很多人并不敢在职场开玩笑，他们害怕“祸从口出”。说话到什么份儿上才是玩笑而不是可笑，掂量不准的时候大多数人不会轻易尝试。

但你必须承认，幽默是一种无法抵抗的个人魅力。大家都爱和爱笑的人交朋友，在他们身边，我们都会感觉轻松快乐，所以会不自觉地靠近。

而且你发现没有，办公室里那个爱讲笑话的“段子手”往往是单位最受欢迎的那一个，他们在适当场合开个玩笑能把同事、老板、客户逗得乐不可支。你说，这样的人职场前途能不光明吗？

在工作里，我们太需要诙谐的“段子手”来拯救了。

当老板和同事嘲笑你的时候，当开会气氛沉闷难以继续的时候，当同事之间因为一点摩擦无法相处的时候，当和客户谈判剑拔弩张的时候……在这些不是硬碰硬可以解决问题的场合里，就需要幽默感来救场，去软化矛盾、调节气氛、消除尴尬。

我进公司第一次开部门会的时候，大家都不说话，公司的几个高层也在场，我先向大家打了声招呼，也没几个人理我，气氛十分压抑。

坐下来后，会还没开始，我和身边的同事分享了几个有趣的小事，把她乐得掩着嘴直笑。我又跟大家说了几个最近网上新流行的段子，公司的几个高层听了之后感觉很有意思，可能他们也想放松气氛却放不下架子吧，正好趁我说的几个段子缓解了大家紧张的情绪。就这样，第一次部门会大家就都记住了我的名字，也赋予了我市场部新任段子王的称号。

你看，想在职场刷存在感，幽默能先为你破冰。爱笑一旦成为你的标签，公司上上下下见到你都会不由自主地给你微笑，为什么？因为他们知道你就是个“笑果”呀。

笑归笑，但做一名合格的办公室段子手其实是件很痛苦的事情，因为既不能去说三道四拿别人开涮，也不能没节操什么话都往外说。高级黑的创作点永远都是自己，你可以调侃的人也只有自己，学会自黑自嘲，才是一枚合格办公室段子手的自我修养。

办公室里有个多肉妹子，脸长得很秀气，就是身材胖一点，是个很爱笑的女孩子，从来不会对别人说三道四，反而成天拿自己的身材自黑，对我们的打趣也从不在意。她说之所以这么胖，是因为自己身高不够，所以要拿肉肉来凑；她要办公室的同事们都宝贝着她，按她的说法，按照热胀冷缩的原理，我现在可是炙手可热！说完自己哈哈大笑。

这么可爱的妹子谁不喜欢呢，她成了办公室的宝儿，平时有个大事小情，不用说都有人主动帮忙。

所以，自我调侃还有一个好处就是在无形中让对方认可接受自己。

毕竟人的心理就是这样，你都把自己说得这么可怜了，我就没必要再去挤对你了。而且往往在这些时候，你的表达最有说服力。

看看周星驰的电影，哪个主人公不倒霉，但他什么时候也没有给你讲过大道理，就能让你笑着流眼泪的同时明白他想告诉你的事情。

那些每天吵吵着自己身材不完美的人不会让你觉得讨厌，反而会让你更加愿意亲近，因为我们和她们都一样，都是不完美的人，但却有着可贵的真实。

可能你还没那么高的造诣，但至少，你得试着去做一个有“笑果”的人。

去网上背几个流行的段子，熟悉一下热门的流行语和表情包，和同事们分享生活中有意思的事情，当你能将幽默这把利刃用得游刃有余，你就离成功不远了。

·直接夸人别害羞

说到夸奖和赞美，很多人都会觉得不好意思：哎呀，你的好我都记在心里了，为什么非要在桌面上说出来，多难为情呀。

是的，在职场多混几年你会发现，能遇见真心的赞美不容易，赞美和夸奖对方，这好像是中国人一直不大擅长做的事儿。

技术部有一枚傲娇青年，做了好事从来不留名，不管手头方案做得多好，一听见别人夸他“才华横溢”，他就接一句“你别寒碜我啊。”弄得大家都不知道怎么接话茬儿。

同样的，他也很少称赞别人。

有一次，公司的第一美女小 S 买了一身红色的新裙子，办公室里的同事见了都说，裙子真不错，你真有眼光呢。到他这儿就变成了冷脸大王，小 S 扭脸就走了。

一次我俩一起出差，他突然提出想让我帮他一个忙，“你能不能帮小 S 传个话，说前几天一起合作的时候，她帮我留住了客户那事儿，我挺感谢她的。还有就是，她那天穿的那身红裙子真的很漂亮。”说完，这小子脸还红了。

“你干吗不亲自说？那天人家还问你好不好看，瞧你皱的那个眉，都挤成一堆了。”我揶揄他。

“这不是不好意思么。人家多女神啊，再说了，夸人夸不到点上不是有拍马屁之嫌么，那还不如干脆啥也不说。关系好不在乎那两句嘛。”他一副振振有词。

“那你自己去说好了。”我扫他一个白眼。

有时候和这个技术男一样，我们都好像得了一种怪病，表扬别人的时候都很羞涩扭捏，批评别人的时候却总是劈头盖脸。

而且，俩人关系好就更不会好好说话了。

“你今天脚真臭，传给你几次都射不进去，”说着还抱着脑门亲一口，“你最后的绝杀是走狗屎运了吧。”

“这饭做的怎么这么难吃，我都不知道怎么下筷子。”一边抱怨还使劲往嘴里扒拉饭。

……

总之，不吐槽就没优点。

都是毛病，得治。

承认吧，我们心里都住着一个害羞的小人儿，渴望得到他人的认可，我们希望通过他人的肯定和赞扬来构建自己的成就感，而不是一个人自嗨。

我们需要他人真心的赞许，简简单单一句“你今天气色不错啊”，也许就能给他人带来一个清新愉快的工作日，这可是提升办公室幸福指数最快的技巧了。

很多年轻人也知道这个道理，但实战时就会觉得拧巴，这个人我真的不喜欢，想要说句好听的真的好难啊！

谁让你硬夸了？难道面对一个有着中年秃顶风险的经理你还能来一句“你今天发型真帅”么，马屁拍马腿上就是这个效果。

赞美本来就应该是你发自内心的一种欣赏，只有你自己首先认可了对方，才会自然流露出想要夸奖的想法。功利心太重的夸奖，谁都看得出来假。如果真的厌恶到不行，你微笑就很好。

以适当的赞美为开头的交流能为你创造一个良好的交流环境，你能更好地展开话题，建立你和同事间的信任。如果你已经开始带团队，你对这点就会体会更深——带着善意的认可和鼓励往往更能激发人的潜能，这和赏识教育是一个道理。

最后补充一下傲娇青年和司花小 S 的故事结局，他俩在一起了。

那件事儿之后，他不再那么惜字如金了，也开始克服自己的傲娇心态。有次他夸我新广告的点子超级赞，真让我受宠若惊。

“你小子说话有长进啊！”我拍拍他的肩膀。

“多谢夸奖，还是你提点了我。”他终于能不打磕绊说别人好了。

后来他勇敢对她表白，他告诉她：“你穿什么都很美，看着这么漂亮的你站我面前，我紧张得每次都会说错话。所以我才不敢说话啊。”

所以，别吝啬你的赞美，你不知道什么时候你的美言会成为一朵花，开在别人心上。

· 当众演讲是早晚用到的能力

一提到演讲，很多人都开始摆手，不行不行，我一上台就哆嗦。

但如果想要在职场有所发展，当众演讲的确是你绕不过的一个槛儿。

不论是工作汇报、员工培训，还是开产品发布会，都需要你有出色的演讲能力来表达自己的观点，甚至去说服别人。就连你在公司受了表彰，也得当众发表一下获奖感言不是?

既然躲不开，不如面对，说不定你真有一呼百应的潜力呢。

想想看，为什么你一上台就紧张?

如果两个字就能总结的话，我想大多数人的答案是害怕吧。

害怕中途忘词儿，害怕说话不利索，害怕有人提刁钻的问题，害怕话筒突然没音了……总之，你的害怕源于未知，这一切看似不可控的事情里如果其中任何一种情况发生，你都会觉得自己好丢脸。

我能理解那种在众目睽睽下自己大脑一片空白什么音节也发不出的羞愧，因为我的第一次正式演讲的经历，也是一个灾难。

那时我刚升职没多久，负责一个新产品的研发，技术总监让我在开周会的时候给大家介绍研发的情况，我心想周会人也少，还是个在领导面前露脸的好机会，就愉快地接受了。

以为万事俱备的时候，总监来告诉我说，这个产品公司很重视，老板可能也来，你好好准备。

我心里有点打鼓，但还是硬着头皮答应了。

到了演讲那一天，我一进会场就傻眼了，这怎么成了公司全体大会？我进公司到现在还没见过这么多人，而且，老板真的端坐在第一排！

我的腿不由自主地开始哆嗦。

总监叫我名字的时候，我的后背已经被汗湿透了，我定了定神，告诉自己没事，都准备这么长时间了，心里七上八下地上了台。

然后我发现自己居然手抖地连 PPT 都找不着。

好不容易打开 PPT 以后，我就觉得老板鹰一样的眼神一直在紧紧地盯着我，眼神里满是怀疑和不屑。没说几句话，我就在他凌厉的眼神里慌了。

“嗯，额，接下来我们看……看这个内容界面。”我手心狂出汗，手一滑，进入了另一个文档，几张本来想要发给朋友逗乐的流行丑图赫然出现在大屏幕上。

哈哈哈哈……台下涌起一片哄堂大笑。我觉得血直往脑门儿上冲，两颊烧得通红，把后面要说的词儿忘得一干二净。

我就那么傻站着在台上待了两分多钟找不着圆场的词儿，看着老板皱着眉离开座位走了。

我被总监撵下台，就这样结束了我第一次尴尬到飞起的正式演讲。

你说我丢不丢人？

但幸好我脸皮够厚，回去痛定思痛以后，我又主动要求总监再给我一次机会，因为那时候觉得脸面已经是最不要紧的事儿了——我都丢脸成那样了我还怕啥？

虽然也有很多疏漏，但第二次演讲我完整地进行了下来。然后就是第三次、第四次……直到现在，我已经对演讲这回事脱敏了。

因为我发现，在一次又一次演讲失败的磨砺里，我已将演讲变成自己擅长做的事。

我知道自己可能会卡壳，于是背熟了每一篇稿子，知道自己看人说话会紧张，于是眼神从不聚焦，我将演讲中的每一个可能发生的情况都全面周详地思考应对之策。所以慢慢地，我的失误少了，灵感多了，我才明白，任何成功的演讲依赖的不是抖机灵，而是上台之前准备准备再准备，直到你上台的那一刻。

只有在不断的准备里，你才能一点点对未知有了把握，丢掉自己“面子”的负担，有勇气把自己推向台前，开口说好你的第一句话。

最后说一件掏心窝子的事儿，那就是你得接受一个事实：即使你准备了百分之二百，你也不能百分百保证你的演讲会成功。你依然有可能尴尬得下不来台，这是常态。

的确，当着那么多人说话，你吭哧吭哧蹦不出来几个字就忘词儿了，一群人眼巴巴瞅着你当你是歌神，结果你一张嘴调都跑得没边了，这个时候的你肯定想钻地缝赶紧遁走。但你想想看，你跑了又怎么样呢？就没人知道你一当众说话就脸红了？

所有的逃避都没有用，那些会让你出糗的事，才会成为你知耻而后勇的动力。所以，在这个演讲能力已经成为人才软实力标配的年代，只要当众表达就会满头大汗的你，是不是也该挑战一下自己了？

·好口才都是练出来的

前面说过，谁都不是天生的演讲家，想要有副好口才，只要用对方法，是可以练出来的。以下，干货送上，助你早日练就一副铁齿铜牙。

一、从练嘴皮子开始

如果你是那种天生性情羞涩、一见人说话就脸红的人，在和别人交流之前，先对着镜子练习和自己说话吧。很简单，从绕口令开始，背几个熟悉的绕口令，每天花时间多去背一段，你慢慢就会发现自己说话不再呜呜咽咽了、小气低声了。

另外，对着镜子还能纠正你说话时的体态和表情，看看镜子里面的那个人，你对他的一颦一笑感到舒服吗？找到最适合自己的肢体语言，会让你的口才更加有说服力。

二、动嘴也别忘了动笔

想要会说，先要有“料”。你和他人交流总要有话题、你有自己独特的观点和见解才能让话题更加深入地继续讨论下去。

这是一个勤思考才能养成的思维模式，坚持阅读的习惯，多动动笔，做读书笔记或者日记，用微信、微博、博客等等一切工具记录下你的思辨过程或是感悟。在这个过程里，你会发现自己不再“词穷”，说话的条理性也在增强，常常这样训练你的大脑，它才会给你的好口才最有力的支持。

不管网络多么发达，我从来都没有离开过书籍，我的读书笔记也写满了好几个本。之所以我在演讲里能引经据典信手拈来，不是因为我抖机灵一时想起，而是它就在我的智囊里，我想用，拿出来就好。

三、模仿是最快的进阶方法

有一句谚语叫：照葫芦画瓢。就是说如果你实在不知道该怎么办，照着它做就行了。想要提高自己的表达水平，你可以拿一段喜欢的视频模仿，或者坐家里看电视节目也行，看看人家是怎样发声、做手势的，模仿他的语调和语速，你会少走一些弯路，多一点进步。

我大学一个朋友为了准备一个英文演讲比赛，天天早上模仿疯狂英语创始人李阳喊操场，每天高举着拳头吼“I CAN DO IT !”（我能行！）愣把自己的小鸟嗓喊成了狮子吼，他的演讲也再没有了以前的局促，变得激情四射，真让我们这圈朋友刮目相看。

四、去讲好一个故事

好口才的核心在于你能说服别人，想要说服他人，“晓之以情，动之以理”还不够，关键要让对方感同身受，才能最终打开对方心扉。在这点上，讲故事是个亘古不变的好方法。故事本身就富有吸引力，没有人不被好故事倾倒，连古代的帝王也不例外，看看《一千零一夜》就知道。

虽然职场上不需要你时刻准备着去给别人布道，但每一个吸睛的演讲都会把一个故事讲得精彩绝伦。你可以先试着在朋友面前讲，哪怕是你在路上碰到的一件稀奇事儿也可以拿来说，慢慢地你可以在人群里说，包装你的故事，带上修辞，换一副转折起伏的语调，让故事更有意思。不会讲？模仿别人喽（TED 就很好）。

相信我，一个讲故事的高手口才绝对不会差。

五、一口吃不下一个包子

学说话这件事不能心急，最好遵循从易到难、从短到长的原则循序渐进。这和学走路一样，先学会晃晃悠悠走才敢迈开步子跑。先从自己熟悉的领域开始，一点一滴训练自己。分成专题训练更有效果。

六、实战检验一切

不管你在台下准备多久，平日里背了多少段子，准备了多少个热点话题，如果你在和同事交流时依然不能谈笑风生，开会发言还是没中心不着边际，演讲依然脑子断片儿，那么你可能在实践这个环节出了问题。

因为没有真实场景和环境的压力，你所有的准备都是在一个自我安全熟悉的范围内进行的，在这个封闭的环境很难有质的提升。口才提升的意义在于你能在任何环境下合适地表达自己，最终目的是交流，自己一个人当然无法完成。所以，抓住一切和他人沟通表达的机会，不论是讨论还是演讲,你只有在公开场合说话,你才能明白自己到底进步了多少。

当然，这肯定是个反复的过程，你在成功之前会经历无数次的失败，任何事情的达成都不可能一蹴而就。想说一口漂亮话，你得准备好挑战自己。

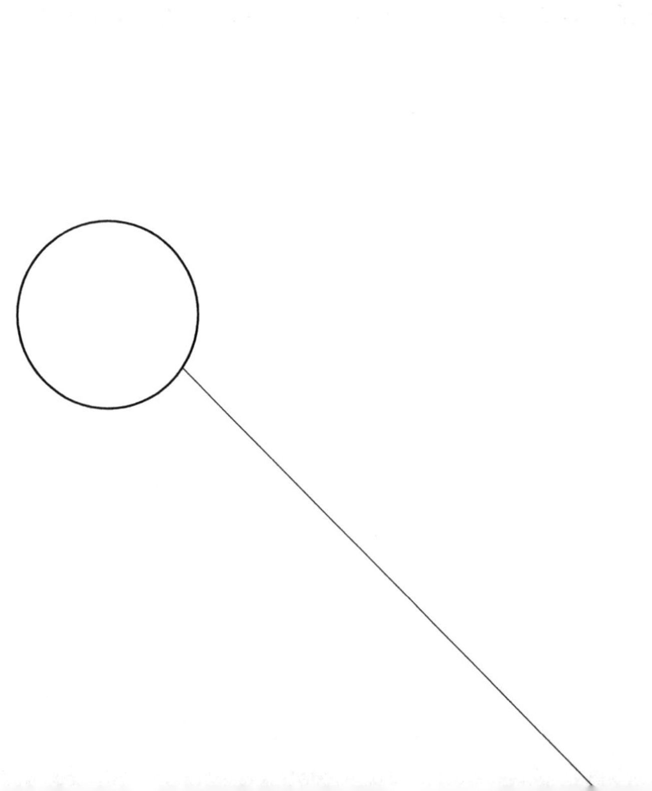

第五章

不是工作久了，才华就有了

——这5年，你要给自己"充点电"

· 下班光想着玩，呵呵，你就完了

“我每天下班啊，先把米饭泡上，然后洗菜做菜，晚饭后楼下散散步，回来以后跟朋友在网上聊聊天，看看美剧或者韩剧，然后洗个澡，上床睡觉……周末嘛，周末会叫上朋友出去玩啊，逛逛商场，买买东西，吃点好吃的，天气好的时候我们会去郊区旅行，有时候买到打折机票还会去远处玩……”

我问了很多朋友怎样度过下班后的时光，这是最典型的答案，女生十有八九都是这样回答的，男士只不过少了做饭逛商场的内容，增加了玩游戏、看直播、运动的项目。

挺自在的小日子，过得有滋有味的。如果我爸妈每天这么过，我会觉得非常好，多充实，多轻松，多快乐。可是，可是你们是刚刚毕业的大学生啊，所有的业余时间都这么过，你真的没有一点愧疚感或者危机感？

在调查这个问题的答案时，我听完以后，跟其中一个较为熟悉的女孩子说：“嗯，也挺好的。”她显然听出来了我的话外音，自己说：“我知道你觉得我不求上进啦，可是我是女生啊，我能养活自己就好了，反正买房子养家的事情我才不用考虑。”

那好，女生可以这样想，我不去耳提面命告诉你做人要有上进心，只要你不担心人到中年一地鸡毛、人老珠黄又与老公实力相差太大的时候被抛弃就好。

男生呢？这个社会对男人的期许可比女人高多了，你将怎样面对实力与梦想间的巨大差距，你拿什么去娶女神？要是你打算直接娶个让自己少奋斗十年的妻子，那也没问题，问题是人家凭什么嫁给你，你总得做点什么来促成这个结果吧，难不成你觉得整天打游戏就会有馅饼掉下来？

可能你会反驳我，说：“我每天上班时间都在辛辛苦苦工作，下班了还不能休息一下吗？周末了还不能放松放松吗？”我没有迫害你的意思，不是不让你休息，只是，年纪轻轻的你，不需要那么多休息，在适度的休息之后，我们还是把宝贵的时间充分利用起来吧。

有一句被讲得烂熟的话“8小时之外决定你的人生”，你可能已经听得麻木了，但我还要说，因为它是真的。

如果你是一个今朝有酒今朝醉的人，自己的后代能拥有怎样的生活水准都没问题，自己这个人是不是有内涵也没问题，那你可以每天下班玩，我这里肯定没问题。但是如果你对自己有期许，下班后的时间，还是尽量做一些有意义的事吧。

那些有意义的事，包括学习充电，这是毋庸置疑的。但你可能没想到的是，它也可以是某种与你的本职工作毫不相干的休闲娱乐，前提是，你对它要有强烈、持久的兴趣，并且能够从中得到快乐和能量。

我有一朋友，每天下班回家的时候，跟大家一样累成狗，可是吃完晚饭以后，他会消失一个小时，你打电话、发微信是找不到他的。一个小时以后，他又满血复活了，精神抖擞地研究 PS 去了。

当我们发现这个现象时，都很好奇那个小时他去干什么了，有人猜他睡了一小觉，有人说他吃了保健品，有人说他运动锻炼去了……都不对，他去认植物图谱了。可能是觉得一个大男人喜欢花花草草会被人笑，所以他也一直不肯跟大家讲。每天下班后，拿出他心爱的植物图鉴，一个个辨认，临摹，直到确定自己能真的认出那种植物，并且了解它的特性为止。

这个过程虽然“没有用”，不会为他带来实际价值，可是他很快乐，用他的话，“这是我庸常生活中的诗和远方”，所以能给他带来能量，让他有更大的热情面对工作和生活。

那么，我认为这种娱乐就是有意义的。与此相同，不管你是学画画还是练书法、看小说，它们对你都是有意义的。我听说有人是靠业余时间成画家、成作家的，即便成不了，那又怎样呢，反正也陶冶了情操，获得了快乐。

我反对的，是把时间浪费在八卦消息、垃圾剧情上，那些东西特别吸引人，看的时候很热闹，可是看完后，你的心中留下的，只是一片空虚。那种无聊感，会蚕食你的意志和能量，让你整个人都越来越颓废。没办法，你天天看到的都是垃圾，怎么能保持清爽状态？

·阅读才是你的“充电宝”

其实我觉得，自己说这段话也是白说，好不容易熬到毕业了，再也不用害怕老师挂你科，再也不用担心拿不到学位，谁还读什么书啊？什么书籍才是充电宝，真正的充电宝那才是生活必需品，离了它和网络，简直活不下去。

可是，我还是要说，能听进去的，自然会听。听不进去的，我估计你压根也不会打开这本书。那么我想跟你谈谈，为什么在网络资讯如此发达的今天，依然建议你读书。不是我老古板，实在是因为这年头，要想不淹死在信息海洋里，就得有迅速甄别、发现优质资源信息的能力，这样你才不会沉溺于垃圾信息和娱乐八卦中。

虽说现在的书籍质量良莠不齐，但好歹还是有人前期做了大量筛选工作的，至少会有专业或者较为专业的人帮你把把关，不至于让你看到毫不负责任的知识和言论。

当然你会说：“不会啊，我关注了好几个优质的公众号，内容相当扎实。”没问题，我自己也在这么干，它们可以让我迅速了解到一些信息。但是，它最大的问题就在于：知识碎片化。啥意思呢？就是说你今天看到一篇有用的文章，明天又看到一篇值得收藏终身的帖子，后天看到一特好使的窍门……可是，它们是不成体系的。

简单来说吧，你就跟一只小鸟似的，今天从这儿衔来一根树枝，明天从那儿叼来一根木棍，可是，如果你不能把它们垒成一个能够遮风挡雨的窝，这堆东西，对你就是鸡肋，丢了吧不舍得，留着吧看着闹心。

所以也就是说，不管是你的知识也好，还是你的思想也好，要是一个完整的系统，是一个网络状的东西，而不是零零散散的一堆小珠子。只知道知识点，不代表你有知识面。

我有一哥们，号称百事通，章鱼有多少条腿、怎样刷牙才能更好地保护牙齿……他啥都知道，可是，谈到他的本职工作时，他却毫无想法。这年头，如果拼知识，人脑的记忆力哪儿能比得过电脑？ 这种形势下，我们总得做点自己擅长并且有优势的事情吧？

当知识不成体系时，它是无用的，只是碎片。我们的生命不可能占有无限知识，所以别让琐碎的知识点把你的时间和人生切割开了。你要想成为一个特厉害的人，必然要有自己的体系，这样你才是真真正正掌握了这些东西，你才可能成为专家级的人物，在面对问题时能拿出自己独到的见解。

这就是书籍比单篇文章更有价值的地方，一本书，不管质量好坏，好歹它有一个体系吧？如果你的层次到了，还可以去评判它的体系是否完整，是否缜密，是否体现出了问题核心。而这个过程，比你又学到了一条新知识更有价值。

所以，虽然我知道大家都是天天捧着手机的人，可我还是建议尽量读书，纸质书也好，电子书也罢，都是精进自我的途径。你怎么选择不重要，重要的是去做，并且做下去。

至于为什么你都大学毕业了还要读书，我相信不用我讲那么多，要是你以为读了大学，就说明自己的专业素质过硬，就成了高级知识分子，那真是 too young too naive!（太年轻太天真！）且不说社会这所大学你才刚刚开始读，压根就是一只小菜鸟。单说专业知识吧，那可是日新月异。就连古代汉语专业的同学，随着新的考古发现和新的研究成果，都得更新自己的知识库，更别说别的专业了。你在学校学的东西，可不能让你吃一辈子。

所以，还是读书吧，虽然平时储存起来的知识看起来没啥用，可是关键时刻，它跟充电宝一样，能够让你不断电、不抛锚。它为你加持的能量，毫无疑问是你脱颖而出、开创未来的重头戏。

·不是有了经历，就会多出经验

有好几个刚毕业的年轻人问过我同一个问题："刚毕业，就必须从打杂开始吗？为什么我明明都实习期过了很久，还不给我做真正有价值的工作？"

我会问他们："你觉得自己已经有了一些工作经验是么？"

他们往往回答"是啊"，但那只是你自以为，事实上，你真的有工作"经验"了吗？那可未必。

我一同学，我们都叫他大雄，在那种实习期绝对不会短于半年的央企工作，当然他早已不是小菜鸟，他要讲的是别人的故事，一个分配到他手下的实习生的故事。

男生是那种面相比较讨喜的人，大雄对他第一印象挺好，当时跟我们说："孩子挺老实听话的，交代他什么都特爽快地答应，态度也很认真。虽然做得不算很好吧，新人嘛，可以理解。"

可是才过了仨月，他就改口了："那个男生啊，不行，没悟性。都仨月了，做事情还是第一天上班的水平，还敢跟我说觉得自己不受重视，天天只能做表格、写报告。就他那水平，这些工作都做不好，还要做更重要的，我哪儿敢给他做！"

原来，凡是足够简单的活儿，小伙子倒是能完成，但是只要有点难度的，他一定会出问题。虽然只是做表格、写报告这种活儿，他也总是丢三落四或者把格式弄错。一开始，大雄还挺体谅，安慰他：“刚毕业嘛，没关系，多总结，以后注意。”但是，这“以后”一直没来，他能在同一个地方绊倒十次八次还不记得改。

有一天大雄实在忍不住了，问他：“你拿给我的表格，和我改完以后让你发给客户的表格，你有没有对比过，看我都改了哪些部分？有没有想过我为什么要改？”他表示压根没看过，情况就是：既然上司你让我做表格，那我认真去做；你让我发邮件给客户，我就发过去，确保地址不弄错。至于你怎么改了表格，那可不是我关心的。

大雄一听就急了：“你这样猴年马月才能有长进？三个月前出的错，现在还出，你觉得光听话就行了吗？实习这么久了，虽然没让你带过项目，但你没吃过猪肉总见过猪跑啊，能总结出做项目的简单流程吗？不能？不能你凭什么让我放心把项目交给你？”

据大雄说，骂过一通以后，现在好多了，那个小伙子终于意识到：没有人会跟上学时那样逼着他、把现成的知识和经验喂给他，他得自己慢慢琢磨，慢慢总结，在做事情的过程中获得经验和长进。

事情就是这样，工作了，你和上司、同事是合作的关系，也是竞争的关系。他们中的任何一个人，都没有义务教给你什么，你自己不做一个有心人，极有可能只长年龄不长能力，只长经历不长经验。

其实不只是刚毕业的年轻人会犯这种错误，职场老人更容易这样，他们把工作做顺手以后，就开始一天天地重复，今天重复昨天，明天重复今天，没有任何长进，还自以为已经有了十年工作经验。他们忘了，“经验”可不是那么容易获得的，它需要不断思考和总结，需要不断增加新的内容。

刚刚工作的年轻人，不管你干的是打杂的活，还是被委以重任，都得注意分析、思考、总结了。而且，不仅仅是埋头忙活自己那一亩三分地，别人在做什么你也得关心，除非你希望自己这辈子就守着这个岗位。

比如，开会的时候同事们的发言，老板做出每一个决策背后的思路，所有这些都是非常值得分析的。只有不断从你的经历、别人的经历中汲取营养、提炼智慧，你才能获得经验。而有了经验，你才有更上一层楼的可能啊。否则，入职时老板跟你讲的那些美好前景，就只会是一张大饼。

· 自己要有“错误记录本”

如果你说自己从一开始工作就从来没有犯过错误，我一定不会羡慕你，更不会认为你是超人真的把所有事情做得很完美。我只会认为，你过于中规中矩，一直待在自己的舒适区，不肯挑战自己；要么，就是你做的事情太简单了，简单到几乎没有技术含量，只需要认真谨慎就完全不会出错。

显然，上述两种都不是理想的工作状态。正所谓“多做多错，不做不错”，在刚刚工作的时候，我们出错，那多正常啊，不犯错哪能成长啊？当然，我可不是说让你肆无忌惮随便犯错，只是说，在你尽可能认真踏实做事情的过程中，如果出了错，别害怕，很正常。

告诉自己“很正常”就完了么，肯定不是的。既然是错误，就意味着或多或少要付出一些代价。代价都付了，我们总得收获点什么啊，哪怕长了记性下次不犯，这也是收获。我给大家的建议是，准备一个本子，一犯错误，就赶紧记在小本本上。

这个记录你所有错误的小本本，要经常拿出来翻看。不是为了刺激你的神经，而是要从里面淘金。因为，错误一定是有价值的，就看你能不能发现。

比如，你输 ebay 的时候，老是不小心输成 ebuy，你还经常把

baidu 输成 baudu，这些域名输入错误，所以你会得到一个无效网页。你看到了这一点，Google 也看到了，就把这些错误拿来卖钱。

他们是怎么做的呢？把你的这些打字（type）错误，注册成 typo（也就是 type 的错误拼写）域名。你经常把 ebay 输错，别人也一样会犯这些错，于是，这些跟真实域名长得很像的山寨域名，经常会有人一不小心点进去，把这些域名卖出去做广告，总是不缺点击量。就这样，谷歌通过收集众人犯的错误，给自己带来一笔可观的收入。

我们日常工作中，没有这个大数据的优势，但小数据总是有的吧？你自己、你身边的人，大家犯的错误，都是非常宝贵的金矿石。

记下这些错误，一方面是为了印象深刻，避免以后犯；另一方面也是为了寻找应对方法。比如，今天迟到了，你跟上司解释，他却说你找借口。那你除了记下这件事，还要考虑，为什么自己的解释不能让上司相信，到底是什么原因，怎么做才会让上司信任你。以及，以后如果自己犯了错，跟他怎样解释效果会更好。你看，即便是一个小小的错误，也可以让你衍生出很多东西。

除了从一个错误中挖掘财富，你还可以隔三差五翻看你的错误记录表，把里面的错误进行归类。比如，你今天把报告的格式弄错了，明天交上的报告里有错别字，后天给客户发邮件时忘了署名，这些小错误可以归为一类，都说明你太粗心。那么，多提醒自己细心，就是在成长。

再比如，你发现自己在一周内说错了三次话，分别是：你跟同事不小心讲了自己的隐私，跟上司讲话时脱口而出叫出了同事们给他取的绰号、你跟客户讲了一句带有不耐烦和抱怨语气的话。这时候，你就要总结，自己在与人沟通时，在哪些点儿要格外重视，比如情绪控制、说话之前先过脑子等，总结出来这些条条框框以后，经常温习，那么下次在你开口说话之前，就会有警钟不自觉地敲响，提醒你不要犯同类错误。

就这样，在不断犯错的过程中，你变成了一个经验老到、做事沉稳、职业成熟度非常高的人，这都得感谢你曾经犯的那些错误呢。

·没经验再不去问，你就太弱了

我们之所以要把大好的、大把的青春年华用来学习，主要就是为了从古人、前人那里汲取智慧和经验，好让我们未来在面对人生的时候能够有更开阔的视野，能少走一些弯路，多几分胜算。

然而，希望是美好的，现实往往有偏差。你在大学校园读了再多书，实际工作中，依然会遇到很多用你学过的知识无法完美解决的问题。不是因为你不够聪明，只是你的阅历不够，欠缺相关方面的经验，有些问题根本考虑不到，所以，处理起来必然觉得棘手。

这时候，你找谁请教，都不如找资历深的同事们效果好。可能你有亲戚或者要好的哥们儿在类似的工作岗位，你可以问他们，但是不同公司或单位的实际情况不一样，你怎么敢保证他们的成功经验就适用于你所在的公司？

有一些问题是普遍性的，比如怎样处理客户投诉才能不被骂，有没有什么好用的话术；怎样去筹备一场会议，这种问题的共性比较强，你可以去跟其他行业、其他公司的人请教。但是，还有一些问题的个性比较强，比如你的上司喜欢什么样的排版风格，你们公司每年的年会都是在哪里召开的，大家更喜欢什么样的活动和礼物等等，这就不是外援能够解决的了。

而同事的优势恰恰就在这里，你所面临的问题，可能是他早就遇到过的，他非常清楚应该怎样应对，所以根据他自己的经验教训，能够给你尽可能接近完美的指点。

因此，我相信不用我一再强调，你也应该知道了，遇到拿不准的事儿，问问同事，可以让自己少跑不少腿，少受不少累。但问题在于，“老鸟”们是不是愿意帮助你们这些“菜鸟”。

我的一位师弟，曾经非常苦恼地问我：“师兄，工作以后大家都那么自私吗？我诚心跟‘老人儿’们请教，可是他们要么语焉不详，要么敷衍了事，没有一个人肯认认真真跟我讲。难道是怕我成长得太快对他们威胁太大？这帮人，真是够了。”

我跟他说：“换做是你，会不会这样做？你会把自己在血雨腥风中得出的宝贵经验，对新来的同事倾囊相授吗？”

他想了想：“我估计我也会有所保留。凭什么白白便宜他们，我又没那个义务。”

“这不就得了。他们帮你那是你的幸运，他们不帮你那是人之常情。”

可是话又说回来，我们是希望能得到帮助的，这时候就需要技巧了，在讨教的内容和形式上都要注意。你不能一开口就提“老张，你能给我讲讲怎么跟经理相处”这种太宽泛太不具体的问题，也不能问“老王，你是在哪里找到新客户的”这种明显触及对方利益、让对方心生防备的问题。

通常情况下，你要根据企业文化的不同，根据和同事关系的亲疏远近，从事情、人情、心情三方面入手，去获得自己想要的经验和指导。

先说事情，首先要具体，你不能提一个让人需要跟你讲一天一夜的问题，最好是针对某个具体的技术性问题，寻找跟你关系较好、对此也较为擅长的同事请教，当然，你的态度非常重要，一定要尽可能地谦虚、诚恳。伸手不打笑脸人，你心怀感恩地诚心请教，效果总要好一些。

然后是人情，这体现在平时的做人做事中。假如你是一个比较张扬、总喜欢证明自己比别人强的人，那么遇到问题找人请教时碰钉子，也就很正常了。所以，为了早点把同事们的经验智慧挖过去，平时我们就得低调做人，对老同事足够尊重，搞好人际关系，时不时喝个下午茶，或者送点别致的地方小特产等，把基调奠定好。

最后是心情，这个很简单。同事刚挨了老板的骂，正灰头土脸一肚子气没地儿撒，你凑过去请教问题，难保不会溅你一身血。所以，挑他们心情好的时候，以闲聊的形式，和大家聊聊工作，没准儿会让你喜出望外。

·不要觉得用不着，就把英语丢下

提起英语，很多人对它深恶痛绝：“从小苦学十几年，浪费了我多少宝贵时光吧，然后工作了一点用都没有，你说我们为什么要学它啊？”

王昆鹏以前也一直这么想，为自己那些年头悬梁锥刺股背单词的时光感到深深的惋惜。反正他平日里打交道的没有半个外国人，看美剧有字幕，压根用不到英语。

直到他们公司要派一个人去美国学习时，他才终于发现：“哦，英语还是有用的，可是我好像都忘记得差不多了。”谁都知道，这是一个绝好的机会，既能学到真东西，又对职业前景是极好的。可惜啊，他已经把学过的英语全还给老师了，公司怎么可能派一个只会说“hello”的人过去学习？总不能给他配一个翻译吧？

当听到最终人选名单时，王昆鹏非常懊悔，因为那个幸运儿，是自己的同学文昊。如果是别人还好，可是文昊？他的学习成绩是什么水平，王昆鹏再清楚不过：“当年我可是年年拿奖学金的，门门高分。他的专业课，也就是不挂科的水平。至于他的英语，四级都是到了大四，最后一次机会才勉强通过的，我的四六级都是一次通过的！”

可是，那又怎样呢？他工作以后，就再也没有看过一眼英语。而文昊一直在学。现在，面对专业能力相当的两个人，肯定是讲一口流利英语的文昊胜出了。

痛定思痛以后，王昆鹏下决心捡回被自己打入冷宫多年的英语。原本就是学霸级别的人，发了狠要学，自然没有学不好的道理。后来，他不仅可以熟练使用英语，还顺便学了门二外法语。再后来，他跳槽到了一家外企，挺受器重的。

有一次在同学聚会上，已经各自是部门领导的王昆鹏和文昊见面了，王昆鹏非常认真地专门敬了文昊一杯酒，感谢他对自己的强烈刺激，否则自己可能也不会有今天的这个职位。于是，我们才知道了当年发生的故事。

如果你还有本节开头的那种抱怨，那么我相信，你还处于王昆鹏一开始的状态，压根没有意识到，有些眼前看起来没用的东西，对你未来的人生也许极有价值。

的确，在你现在的工作中，英语用不着，可是你确定自己一辈子就做目前的工作？难道你能确定在自己的一生中都用不到英语？你又是否能确定，到底是自己真的用不着英语，还是因为丢掉了英语的同时，你限制了自己的发展，放弃了很多需要用到英语的机会？

即便你这辈子都不打算出国进修，这辈子都不去外企，这辈子只想跟中国人打交道，那么作为一门工具，英语对你仍有重大意义。因为学会英语，不仅仅是为你提供语言沟通上的方便，更是为了打开了一片更加宽广的天地，你的视野可以更深邃、更广袤。

简而言之，如果你是一个希望自己人生有更大晋升空间的人，那就请相信，人生处处有惊喜，前提是你拥有足以配得上那份惊喜的实力。不管是英语，还是你的某种专业技能，都是那种关键时刻能为你带来惊喜的力量。

·多思考，能力自然变强

不管是在网上，还是现实中，我经常会听到这样的一句感慨：“大家读书的时候都差不多啊，怎么一毕业就分化得这么明显？唉，没办法，人家那谁谁家里有关系有背景，难怪比我们混得好……”

我承认，在真正开始工作以后，每个人的家庭背景和社会关系，会在一开始就带来巨大差异。但是我们今天只谈谈为什么同样是屌丝，有人能迅速逆袭，有人就只能一直屌丝下去。

在我看来，这个答案太简单了，因为前者在带着脑子做事，后者只带着手脚来上班，脑子丢在家里了。而且，在过了实习期那几个月后，表现得更明显——“该做的工作会做了，带不带脑子上班，都是那么多工资。大家都这样干，我何苦劳神费力出什么幺蛾子啊？”

于是，后者的人数远远超过前者，可前者的能力远远超出后者，大家最终会有怎样的职业发展，也就再清楚不过了。

比如，我第一份工作中有一位同事，上班的时候，我们大家都要干一些特别耗时间的工作，一个个忙得晕头转向，但我看他总是气定神闲，然而工作却完成得又快又好，问他有什么诀窍，他也总是笑笑不说话。后来我发现，原来他自己写了个小程序，每天让程序干活就行，自己在那儿学别的东西，真是让我羡慕嫉妒恨。其实那并不是多么复杂的代码，我大学也是上过计算机课的，自己也会写，可我怎么就没想到呢？

还有另一个女同事，可能是女孩子心细，特别擅长归纳。她把所有的客户资料，事无巨细地都录入 Excel 表格中，这样在做客户跟进的时候，就一目了然，什么时候是哪位客户生日，什么时候该对哪位客户进行回访，一切都有条不紊。没有人要求她这样做，可是她做了，受益的肯定是她自己。

还有另一位后辈，特别爱问为什么，有时候我都被她问烦了。和她一起来的其他女生，谁要是敢动她们的文案或者策划，她们一万个不乐意，直接给你扣上“思维有定势”的帽子；但这个姑娘不一样，你要是给她提意见，她穷追不舍，一定要弄清楚你为什么要这样提，背后有没有她不清楚的原因。她甚至会拿给好几个人看，一边问一边记，因为每个人的职位、经历、观念不同，看到的东西也不一样，这些不同角度的观点，都被她记了下来。

可是她并不招人厌，因为你能看出来，她是非常真诚地向你请教。你还会经常见到她皱着眉头苦思冥想，让我忍不住在心里赞叹“年轻人就应该这样”。这样一位既聪明又爱动脑筋思考的姑娘，怎能不被器重？

事实证明，也的确是这样。我的这些同事，后来发展得都不错。因为，那些工作中看起来微不足道的小细节、小技巧，都是他们思考的结果。在其背后，是一颗爱学好思的心，是一种遇到任何事情都会寻找最佳策略的态度和能力。而这些，都是你职业发展的极好养料。

而有了这种肯动脑筋思考的态度，做起事情来，自然要比别人好一些。有了这样的态度，才能更多、更快积累起经验，让能力得到质的提升。

否则，别人怎样做，你也怎样做，你又凭什么比别人做得好呢？这原本就不是一个拼体力的时代，所谓的“没有功劳有苦劳”并不那么奏效。随着年龄越来越大，如果你的智慧没有随着资历一起增长，职位只会很快被更年轻、手脚更灵活的年轻人取代。

·比别人多看一步，才能走得更远

如果我说，你会在这个岗位兢兢业业工作一辈子直到退休，恐怕你会觉得我疯了。这年头，从不跳槽的人是稀有动物。即便是你打算在这家企业或这个单位工作一辈子，那么，你肯定也希望能够晋升。

于是，问题来了，为了你的未来，你需要在现在做些什么？

在职场中，你积累的经验和资源，对未来的发展至关重要。每个人都在积累，只不过有的多有的少罢了。有的人只看到眼前，而有的人多看了好几步。

大四的时候，家里托亲靠友给他送去银行实习。可是，这些抱着大干一场的美好憧憬去实习的孩子们，很快就被现实泼了一头冷水。因为交给他们的工作，就是端茶倒水，出去派发办信用卡的传单、打印客户资料、整理文件，没有别的工作可做。想想也是，谁敢把贷款这样的事情交给一个什么都不懂的实习生去做？

就这样，六个月很快过去了，不出所料，他和其他很多实习生一样，都离开了。但是，当其他同学都在抱怨白白浪费了六个月的时候，他没有说话，只是一副胸有成竹的微笑。

原来，一进银行，他就仔细观察过这一批实习生和领导的关系，很清楚自己留下的希望渺茫，就开始打别的主意。他不再天天往人力资源部跑，而且开始和综合管理部的各位同事、领导搞好关系，因为采购的事儿归他们管啊。

就这样，在大家都离开以后，他又重新回来了，只不过不是上班，而是以供应商的身份。因为打印耗材是他家里经营内容的一部分，他以这个银行为突破口，打开了本市多家银行的市场，为此也在老爸那里被大大记了一功。

这是发生在我一位同学身上的事。我想说的是，任何工作经历都有价值，只要你是个有心人，它不仅仅是给你提供现在的报酬那么简单，更能为你的未来积累宝贵资源。

另一个男生，跟这位同学相比，家里条件要差多了，本来就读了个普通大学，毕业了也没人帮他介绍工作，他干脆去送快递了。虽然大家刚毕业拿的都是两三千的薪资，而他的收入至少是大家的两三倍，可大家还是非常不理解，他怎么就这样“自暴自弃”了？好歹也是大学毕业生。

两年以后，同学们在自己的工作中都能独当一面，月薪也到了四五千。至于他呢，一家干净雅致的简餐店开业了，虽然只有小小的门面，但他完全靠自己，当上了老板。而且，生意非常火爆，为什么呢？他在送快递的过程中，和这片区域中写字楼里的白领、居民楼里的住户非常熟悉，大家对这个有礼貌又热情的小伙子印象也很好。于是，他的餐厅开业后，便专注于外卖事业，生意红红火火、风生水起。

现在谈起那位同学，我还忍不住想要赞叹。他现在的身家，在我的同学中绝对算得上是佼佼者。关键是，他还那么年轻，未来有那么多可能。

讲述他们的故事，我只是想告诉大家，假如你是一个有想法的人，就拿出有想法的样子来。凡事要比别人多看一眼，比别人多走一步。不仅仅是为了当下的工作，更要考虑：“我目前的工作，能为我的未来、为我的梦想提供什么资源？”或者“我现在工作中接触到的各种资源，能为我的未来开辟一片什么样的天地？”

多问问自己这两个问题，可能你会重新审视自己的工作。把你工作经历中，所有自己可能需要的、对自己有利的部分，都好好沉淀下来，让它在你未来的职业发展中得以体现，这才是高手啊。

· 未来永远欢迎有想法的人

电影里的段子说，21 世纪最贵的是什么？是人才。什么样的人才称得上是人才呢？读过大学的吗？这两者肯定不能画上等号。生产导弹造卫星这样的行业，和拍电影拍电视剧的企业，所需要的人才类型肯定不一样，他们对人才的定义也不同。

但是，几乎所有的行业，都需要一种类型的人才，那就是创意型人才。因为，在产品和服务日益同质化的今天，一个企业也好，一个人也好，想要脱颖而出，就得有一些核心的生产要素，那就是与众不同的创意。谁让这是一个创意经济的时代呢？

有一个小伙子，大学毕业以后，过五关斩六将，经过好几轮面试，终于进了一家世界闻名的公司。入职以后，他接手的第一份工作，是为一家饮料公司策划一场营销活动，主题是“环保”。饮料瓶，环保，他大笔一挥，很快拿出了一份方案——以旧换新，每收集五个旧饮料瓶可以换一瓶新饮料。

上司接过去只看了一眼，就丢给他：“这种老掉牙的方案，没人会感兴趣。重新写。”

从小到大一直成绩优异的他哪儿受过这种刺激，沮丧极了。但幸好他并没有长久沉溺在情绪中，而是开始思考有创意的方案。终于，他想到了一个绝好的点子。

很多人喝完饮料，都会选择把瓶子利用起来，比如种棵花草，比如装洗衣粉等，还有的街边小摊干脆在瓶盖上钻个孔用来装酱油醋。

那么，能不能设计出多种不同的饮料瓶盖子，方便大家再次利用？这不是正符合环保的概念吗？说干就干，他开始动手设计起来。

通过他的设计，把这些奇奇怪怪的瓶盖子拧到瓶身上以后，饮料瓶子可以变成浇花的小喷壶，可以变身小水枪、笔刷、转笔刀、手电筒、调料瓶等等。

当他把这个设计拿给上司的时候，上司极为惊讶，马上朝他竖起大拇指。几天以后，公司开会顺利通过了这个方案，更重要的是，方案赢得了客户的高度赞扬。

活动实施以后，反响极为强烈。大家对于这种环保理念非常认同，对这些绝妙的点子更是赞不绝口，客户方得到了巨大的宣传效果，对此也很满意。不用说，小伙子也得到了器重。

可能你会说，这种创意性工作，当然需要创意啦。可是我的工作只需要中规中矩就好，不需要创意。那么我很好奇，你到底在做什么样的工作，居然不需要创意。

我希望大家不要误解“创意”，不要觉得伟大的发明创造才算是创意。把蛋糕、小饼干做成萌萌的形状，那就是一种创意；把万年不变的年终总结上的数字罗列，换用更加直观的饼状图或者柱状图表示，那也是一种创意；给客户打电话的时候，不断变换新的话题，那也是创意……

不管你从事什么行业，做什么工作，现有的经验和模式都不一定是完美的。而且，时代一直在变化，只要你用心在做，就会发现可以改进的地方，针对这些地方寻找对策，你拿出的方案，就可以称作是创意。

这些创意，可以是模仿，可以是拼接，当然更可以是灵光乍现的创造。不管怎样，对现状的改进，就是创意。这样的人才，到哪里都受欢迎，因为他在用心做事情，用头脑做事情，是有积极主动性的员工。换做是你，你能不喜欢么？

不幸的是，一路读书读过来，很多人只学会了怎样应对考试，怎样猜测标准答案，唯独没有学会怎么创造。如果你也是这样一个人，从现在开始马上行动起来，为创意而努力吧。

第六章

涨人脉比涨薪水更重要

——这5年，你要建立优质"朋友圈"

·人际关系就是重要的无形资产

前些日子，和朋友们讨论过一个话题，“放弃你的无效社交”。后来想想，其实这个命题没有什么可争的，都说了是“无效社交”，当然应该毫不犹豫地放弃。真正应该讨论的，是哪些社交是无效的，而哪些社交又是必要的。

毕竟，人际关系对我们每个人都很重要。想想看，你认识一个医生朋友，遇到个头疼脑热是不是会安心很多？手机上有一个相熟的旅行社朋友，还会担心买不到机票吗？这还只是让生活便利。如果你想要成就一番自己的事业，更需要众人的鼎力支持，否则完全靠你一个人的力量，我敢打包票你一定会心力交瘁，还不一定能有好结果。

我原本以为这个道理是显而易见的，不用我多加强调，但后来我发现不是的。有一些人不够自信，总愿意躺在自己的舒适区域。在陌生场合，我们可能被拒绝被冷落，可能会感到不自在，于是不愿意走出去与人交往。不用说，这种情况是需要改变的。

还有一部分刚刚毕业的大学生，可能是年少的心比天高，也可能是初生牛犊不怕虎，他们就是不信那个邪，觉得凭自己的实力就可以搞定一切。

这种想法，我非常能理解，谁还没有年少轻狂的时候啊。但在这个问题上，我可以负责任地告诉你："少年，不管你多强，不管你现在能不能搞定遇到的一切事情，未来的日子里，你必将会用到人脉。而那些人脉，需要你从年轻时就开始积累。"

关于这一点，哈佛商学院的一位老教授早就说了，哈佛给它的毕业生提供了两项对未来人生至关重要的利器：一个是综合全局的分析与判断能力，一个是哈佛庞大的、遍布全球的的校友网络。

而且，这些校友，绝大多数都是各行各业的精英。大家想想看，如果你是哈佛的毕业生，这个网络能够为你在全世界的各种行业，提供宝贵的信息和机会，那将是多么巨大的一笔财富啊？想想都让人眼馋。

虽然我们进不了哈佛，没有这种学缘关系提供的现成人际关系，但你自己可以去建设这样一个网络啊。没有哈佛校友会，你总有大学校友，你还有自己的老乡，以及自己一路读书过来的各种同学和校友，这些都是你最容易得到的人脉。而这个构建网络的工作，越早开始越好。不要觉得暂时用不到，就不去未雨绸缪。

现在让我们回到一开始提到的那个问题——无效人脉。我承认这个论点是完全正确的，与其花太多心思在无效人脉上，不如努力发展你自己的能力。你若盛开，蝴蝶自来。听起来非常有道理对不对？

但问题在于，你是怎样区分"有效""无效"的？你怎么知道眼前看起来对你似乎是没有用的人脉，随着你的能力和位置改变以后就不会有用？而且你似乎忘记了一点，在你“盛开”的这个过程中，也极有可能需要借力，否则能不能盛开、什么时候盛开都很成问题。

所以，假如你是一个信奉“不要在无效人脉上浪费时间”的人，那我想要奉劝你一句，凡是过犹不及，刚出校园的年轻人，既不要因为在社交上浪费过多精力而耽误了基本功的修炼，更不要因为过于笃信只有自己最可靠而忽略了人脉的积累。因为，就如同“书到用时方恨少”一样，你不会知道自己哪一天无比需要人际关系的支持。那一天，我希望你不会后悔。

·形象比长相更重要

我的前前同事中，有一个刚毕业的小姑娘，怎么说呢，说她长得非常丑也不算客观，老实说，她的五官到底长得怎么样，我们压根都没仔细审视过。因为我们的注意力，全被她那土到掉渣的衣服、土肥圆般的身材、油腻腻草草扎个马尾的头发、满脸大大小小不均匀分布的痘痘占据了。

这样一个姑娘，大家都是没兴趣多看一眼的，因为她的形象，给人一种非常“脏”的感觉，虽然她的衣服也许洗得很干净。可是谁管呢，我们这些男同事都知道，大家肯定不会主动往这姑娘身边凑，更不会争着抢着去教她学东西。至于女同事嘛，倒是不排斥她，出席活动什么的还挺乐意带上她当绿叶。但是，我可不认为这些女人是真的喜欢她、尊重她。

后来，就没有后来了。随着我跳槽离开，也就跟她失去联系了。

再然后，就是在一次业界展会上的偶遇。那天，我看到一个身着一袭小黑裙，松松挽个发髻，身材玲珑有致、气质优雅的女人笑着朝自己走过来，我还在疑惑自己怎么突然走了桃花运。到了跟前，我依然没有认出她来。

她微笑跟我打招呼：“怎么，贵人多忘事啊？我是红艳啊。”也亏得我记性不算差，苦思冥想总算想起来了。然后马上夸张地瞪大眼睛："真是女大十八变啊，话说，你真是我认识的那个红艳吗？"

她又笑了："你们都这么说。那时候我的形象有那么糟吗？好像是哦，我自己看照片都摇头。难怪那时候没人帮我，什么事都得自己费老大劲琢磨，去开会也没人塞名片。"

我连忙想为以貌取人的自己和其他同事解释，虽然那是事实，当年她被公司冷落的根本原因，不是能力，而是外在。

她笑笑制止了我："开个玩笑。我没有抱怨的意思。要是我意识不到这个问题，也不会在外形上花心思。本来就是嘛，别人凭什么通过你垃圾一般的外表，去发现你金子一般的内心？"

这就对了嘛。一个人，不管是女人还是男人，你把自己视若珍宝，把自己当作公主或者王子一般去打扮，别人才会把你当作珍宝。否则，"你都不认为自己有价值，我们凭什么觉得你有分量？"

别怪这个世界以貌取人，你也一样，你跟大家一样，会通过外表评判一个人的家世背景、经济能力、品味格调……这几乎是一种你无法控制的本能。当然，你的教养会让你对所有人都报以尊重，但根深蒂固、已经深入骨髓的某种功利心理，会让你更愿意接近那些干净整洁的、气质高贵的人。

所以，不管你是男是女，都要注意自己的形象。当你拥有一个让人讨厌的外在时，就已经输了第一步，必须花更大的力气用你的内在吸引别人。这种事倍功半、费力不讨好的事情，聪明人是不会去做的。

这个外在形象，虽然跟颜值有关，但更与言谈举止、气质衣着有关。虽然我们不一定长得貌比潘安赛貂蝉，但至少，要让自己的衣着得体、干净吧？总得把头发梳梳再出门吧？脸上的疱疹粉刺，至少要处理一下不至于让人心生厌恶吧？女孩子即便不会画精致的妆容，至少要让自己看起来清清爽爽的吧？

在工作中，打理出一个得体的形象，是不亚于工作能力的另一个重要任务。因为，它虽然不开口，可是先声夺人，在向所有人昭告你是怎样看待自己的。而你的公司，也绝对不会让一个不关心自身形象的人去代表公司的形象。于是，你自然而然会错过很多机会。

一只丑小鸭，原本就该错过上天的青睐。等你变成白天鹅了，自然会享受到白天鹅的待遇。不要觉得不公平，世界原本就是这个样子：你那么不好看，凭什么让我看好你？

· 不要戴着有色眼镜去看别人

我刚工作的时候，可能是姿态还比较讨喜，单位里的老同事私下里指点我：“这个人喜欢跟领导打小报告。”“这个人特别自大，喜欢张扬。”“那个人特别自私。”……

我感谢了他们的好意，但是对于他们的话，我只是听听而已，没有放在心里，因为一旦当我带着这样的眼光去看别人，那我相信，我的人际关系一定是不会好的。

事实证明，后来有一次当我被领导误会的时候，那些平时对我很热情的同事，没有人站出来帮我去跟领导澄清，反倒是那位大家口中的自私的人为我仗义执言。而当我遇到一些技术性问题时，也是那个“非常张扬自大”的同事帮忙解决的。

我们在跟人交往的时候，特别容易犯以偏概全的错误，我们用只言片语，或者听说来的一些话语，就给一个人贴上某些标签，然后以后我们再跟他交往的时候，就不自觉地用这些标签去衡量他们，这就是所谓的有色眼镜。当你戴着有色眼镜去看人的时候，怎么可能看到真实的、原本的样子呢?

不要说戴着有色眼镜看别人了，就连我们亲眼看到的东西都未必是真的。《孔子家语》里面讲过一个故事：有一回，孔子和他弟子们挨饿了很久，好久没有吃过白米饭了。有一天，他们好不容易要到了一些白米，就赶紧回去煮饭。饭快要煮好的时候，孔子无意间看见颜回掀起锅盖，抓了一些米饭塞进嘴巴里。

孔子不想让这个得意的弟子难堪，就装作没有看见，默默地离开了，回去之后也没有说什么，没有责怪他。但是当颜回把白米饭端给孔子的时候，孔子没有吃，而是说："我刚刚梦到祖先了，我想我们应该把这锅干净的没有动过的白米饭先祭祀祖先。"颜回马上阻止说："不不不，这锅饭刚刚我已经吃了一口，所以不能用作祭祀祖先的食物。"

"你为什么要这样做呢？"孔子就问他。

颜回回答说："因为刚才煮饭的时候从房梁上掉下来一些灰尘，落到了锅里，我觉得沾了灰的白米饭不能给老师吃，但是丢掉了又太可惜，于是就抓起来自己吃掉了。"

孔子听了以后，深有感触，后来他教育弟子说："平时我最信任的就是颜回，可是今天我看到他私自去抓白米饭吃，我还是会怀疑他，可见我们的内心是非常容易怀疑别人的，不要用自己的看法去想别人。要了解一个人，真的不是那么容易的事情。"

事情真的是这样的。面对我们自己喜欢的人，看到一些事情的时候，我们尚且会怀疑，会心存芥蒂，更不要说原本我们就不是那么喜欢的人呢。所以当你对一个人有成见的时候，你就会发现他浑身都是毛病，他做什么事情都是错的，那么你对这个人的印象只会更差。于是就形成了一个恶性循环，你觉得这个人很糟糕，你对他态度很恶劣，于是他也不会对你多么友善。所以你确定这个人不值得交往。

我们绝大多数人，看问题的时候总是从自己的角度出发，总是非常主观地用“我觉得”、“我认为”去看问题，因为你这种单一角度的判断是没有办法完全照顾到事情真相的，很容易造成误会。而且对于别人的评判，你道听途说到的一些内容，甚至是你看到的一些片段的事件，并不足以构成对这个人的判断，你又凭什么因为一件事情而对一个人过早下结论呢?

事实上，人与人之间是相互的，你对一个人友善，你散发出的气场，同样会让他感觉到你的善意，于是他也就可能用善意来回报你，那么这样就形成一种良性循环，你会发现人人对你都很好，你身边的氛围非常好，你的人际圈子也越来越大。

·热情和礼貌才是好“名片”

有一个美国人写了一本书，主题是讲“我一生中最重要的事情，在幼儿园就学会了”。我想我们今天的话题也适用于这句话，热情和礼貌，这种对我们一生非常重要的事情，也是在幼儿园就学会的。

先说“讲礼貌”，多么简单的事情，小朋友都知道要讲礼貌，可是作为一个成年人，你真的认为自己很讲礼貌吗？

有一次，一个女生在微信上找我，我跟她并不算熟，只是在一次聚会上认识的。可能是被宠坏了吧，我并不是她的下属，甚至都算不上是她的朋友，而且是她有求于我，但是，她居然用命令的口气跟我说话。

我这个人控制情绪还算是比较好的，所以没有生气，只是哑然失笑。我只是觉得这个姑娘非常没有教养，不值得我帮。倒不是我小气，而是这样没有礼貌的人，她在以后与人交往的过程中，也会非常容易引起别人的反感，很容易给自己带来很多障碍。我不打算惯着她，所以婉拒了。

我的另一位同事也是这样，一个刚刚毕业的大学生，有很多事情需要请教别人。有一次，他想周末约同事去吃饭，当然在吃饭的时候可以顺便谈论工作方面的问题。

但是，他这件事情办得非常差劲。因为他说的是：“明天去东来顺吃饭吧，我请。”用的是非常生硬的口吻，像是上司在发通知下命令，还像是他给了别人多大的恩惠，让人听起来心里很不舒服，所以他连着邀请了好几位同事，大家都推说忙，没有人肯去跟他吃饭。可是，他居然还没有意识到问题出在哪里。

找别人帮忙的时候要说“请”，打扰了别人的时候要说“抱歉”。这是最基本的礼貌。为什么连小朋友都知道？因为它太重要，是我们在为人之初，就应该要学习的东西，可是很多成年人却连这种最基本的礼貌都没有。

这只是最基础的礼貌，在此基础上，我们还要有更高层次的礼貌。比如不随便打断别人说话，不触碰别人的隐私，不去揭别人的伤疤等等。简单来说，也就是非礼勿视，非礼勿听，非礼勿言，非礼勿行，凡事遵循礼仪，做一个有礼貌的、受人欢迎的人。

接下来我们再说热情。假如你们公司有两个新来的大学生，你推门进去的时候一个停下手中的工作，抬起头来大声地、热情地跟你打招呼；另一个呢，只管埋头做自己的工作，就好像你压根不存在似的。面对这两个人，你更喜欢哪一个呢？

那么我们来换位思考一下，既然你更希望别人热情地对待你，别人也一样，他们也希望你热情地对待自己。因为在我们看来，一个人对自己是否热情，代表他对自己是否友善，是否感兴趣，是否尊重，是否重视。每个人都是希望被别人重视的，不是吗？

热情和礼貌才是好“名片”

我们不仅希望自己被重视，而且我们天生更喜欢温暖的、明亮的东西，热情就带有这种特质，它天生就让人喜欢，天生就能加持能量。

有人可能会觉得我天生内向，做不到那种“人来疯”的热情，没关系。有些人天生外向，有些人天生内向，这是很难改变的。先天性格偏冷一点的人，并不意味着你不能热情。

比如遇到同事或者朋友，至少，你可以跟对方微笑着打一个招呼吧？这时候这种微笑就代表了你的热情。当客户拜访的时候，至少你要帮他们倒一杯水吧，即便只是默默地把水端给他们，不说一句话，也能体现出你的热情。不管怎样，你要行动起来。可以用言语，也可以用行动，告诉对方，你对他是很热情的，你是很重视他的。

你的热情不一定是高亢的嗓音和极为炙热的那种能量，但至少你不能一副冷冰冰的样子，那样很容易让人产生误解。他们不会以为你的这种冰冷是与生俱来的，而会认为你是针对他们的。所以，在某种意义上，热情有时候是跟礼貌有关系的，是你不得不拥有的一种修养。

尤其是在人际交往过程中，我们每个人都害怕被别人拒绝，被别人冷落，当你这个人被贴上热情、有礼貌的标签时，那就意味着你是很容易接近的，不会让人感到难堪，和你在一起会让人感觉舒服。那么，别人也就更愿意跟你打交道，这也就意味着你会得到更多的人际资源。

·圈子多了，路也好走多了

作为一种社会性的动物，我们在生活中有各种各样的圈子，有生意圈，有同学圈，有朋友圈，有工作圈，有学习圈。基本上每个人这一生都是在跟自己所在的各种圈子里的人打交道。那么从这个意义上来讲，我鼓励大家尽可能去接触更多的圈子，这会让你的人生更加丰富。

尤其是大学刚刚毕业的时候，我们的社会阅历，我们的视野、见识都需要更加开阔，我们并不了解这个大千世界有多么的丰富，多么的复杂，多么的广阔，所以，接触更多的圈子有助于我们不再坐井观天，夜郎自大，也可以帮我们去制造更多的机会。

我有一位理工科的同学，大家都以为，他会和其他所有同学和前辈一样，做个程序员，整天埋头写代码，然后中年以后，升职做个中层管理者，最后等待退休，这是一个程序员的标配生涯。

但是谁也没想到，他工作两年之后开始自己创业，而且是开了一家广告公司，从事创意策划工作。当然，这跟他自己头脑比较灵活、非常有想法有关，但还有另一个重要原因：他有一位在电视台工作的朋友，那个人让他看到了自己身上的才能，看到了另一种生活的可能。在他创业之初，也给了他非常大的支持，给他提供了很多机会，介绍了不少客户。

这位朋友告诉我，在他刚刚认识这位媒体人士的时候，并没有想到自己将来有一天会用到他的资源，因为两个人的行业压根不相关，而且看起来似乎也不会有什么交集，然而事情就是这样神奇，人生处处充满了意外，不是吗？

我相信每个人都应该知道见识和视野有多么重要。所谓见识，其实就是见多识广，见多，就要求我们能够更广泛地接触事物，扩大自己的见闻，所以不要囿于自己的那个小圈子，不要囿于自己的专业、自己的公司。各行各业的人，各种各样的人，我们所接触到的一切人，每一个人都有自己的各种圈子，都向我们展现了不一样的世界。

但是，虽然我说你应该尽可能认识不同圈子的人，让自己的交际面非常广，可我并不鼓励大家努力去融入不同的圈子。因为，“圈子”这个词本身就意味着它是一个封闭的系统，系统内部是基于不同的层级、不同的社会地位、不同的财富地位等，根据这些因素构成的一个小团体。你如果想融入进去，那就要求跟对方有相当的实力，或者相应的能力，或者相同的兴趣。如果你没有相应的能力、背景、兴趣、实力为根基，其实是非常难融入进去的。

比如，你跟经理关系很好，经理有一天带你去参加他那个圈子的聚会，大家都是管理者，都在讨论他们在商学院读书时的经典案例，讨论管理过程中遇到的一些棘手问题，你认为自己在这个过程中学到了很多东西，但是，请问你真的融入了这个圈子了吗？肯定没有，因为你跟他们不在一个层面上对话，他们也不会把你当作是一个圈子里的人。

再比如，你喜欢高端精品深度游，微信上你加入了很多这样的群。然而，很多东西你压根不懂，没有去经历过，怎么可能跟大家相谈甚欢？即便你每次都跟他们一起参加圈子的聚会，但是你根本插不上话，又怎么可能算是融入了这个圈子，又怎么得到他们的尊重？这样的话，根本不算你融入了这个圈子。

但是话又说回来，我并不反对大家接触更多的圈子，我只是提醒你不要强求自己非要融入不同的圈子，且不说你的精力可能根本不够，在这个过程中你可能会有很深的挫败感，得不偿失。

我认为对大家来说更靠谱的做法是，在各种不同的圈子里都有一两个自己较为投缘、较为相熟的朋友，然后把自己可能会有的诉求让他们知道。这样，当你需要帮助的时候，或者有机会的时候，他们可以向你传达消息。而这些消息，对你来说可能就是最宝贵的资源。而且在这个圈子里面有你的朋友，他的朋友其实也可以为你所用，你并不一定要求自己能融入其中。

·提高你的“朋友圈”的含金量

有一天吃午饭时，听到两个女孩子在聊天，一个说“我的朋友圈天天都在发广告”，另一个说“是啊，是啊，一个个都在做微商，不是推销产品，就是帮别人推销产品，我把他们都屏蔽了”。我看了看她们身上的装束，应该是附近商场里的导购人员。那么，你的朋友圈里大家都在推销产品，不也是很正常的吗？因为你们的职业本来就差不多啊。

可是，虽然很正常，并不意味着，事情就本该如此，你完全可以提高自己朋友圈的含金量。而我这里所说的朋友圈，当然不仅仅是指微信上的朋友圈，而是你工作、生活中所有的圈子。

每个人都生活在自己的圈子中。别人都说，判断你是一个怎样的人，只需要看你有怎样的朋友就可以，那是因为你是什么样的人体现在你的圈子上。你的圈子，某种意义上也就决定了你的身价，所以提高自己朋友圈的含金量，你的身价也就相应得到了潜在的提高。

比如说，你的同学打开他的手机通讯录，里面都是各个领域的精英人士。而你打开自己的手机通讯录，里面除了你的亲人、同学、同事之外，不是送外卖的电话，就是快递员的电话，还有一些你压根儿都不记得是谁的电话。也就是说，除了你自己的亲朋好友之外，你的社交圈中几乎没有重量级的人物。

这样一来，你也就很容易理解为什么你这位同学，大学毕业后工作一路顺风顺水了。

孔老夫子说过一句话，“毋友不如己者”。历来对这句话有很多不同的解释，“不要和不如自己的人交朋友”，这种功利的话，似乎不是一个圣贤能够说出来的。但我们不管孔子原本是什么意思，对我们来说真的是这样，如果你总是和不如自己的人在一起，那意味着你很难从他们身上学到东西，很难借助他们的资源或能力，那么对你自己的发展是不够有利的。

我有一位朋友，他曾经非常得意地跟我们说：“什么人际关系，什么朋友圈，才不需要那么费力。只要你自己的实力够了，自然会形成以你为中心的圈子，自然会有人来主动结识你。比如我现在要去哪里出差，自然会有那个地方的人帮我订酒店，提出给我做导游，然后我想要安排什么活动，他们会自动迁就我的时间。”

我淡淡地说了一句：“如果你觉得自己天下无敌，别人都会围着你转，那说明你的天下只有一片树叶那么大，而且它还挡住了你的眼睛。当年咱们班上最牛的那位，现在已经是上市公司 CFO 的那位，他会主动帮你做什么事情吗？他在你的圈子里吗？”

他不说话了。因为他清楚，那些围着他转的人，他所谓的朋友圈，都是在工作上有求于他的那些客户。而他的这种能力，并不是自己的，只是因为他在一家比较牛的企业，是工作给了他光环，他很清楚一旦他离开这个位置，离开这家企业，会是怎样的情形。

我说要提高朋友圈的含金量，并不纯粹是功利的目的。那些比我们强的人，除了能给我们带来机会，能够提携我们，更能给我们更宽广的视野，让我们始终保持强烈的进取心。

如果你觉得自己是身边圈子里最牛的人，那么我想你需要反省自己了，那意味着你的圈子含金量实在太低。当然可能你很优秀，所以你是自己所在圈子里最出色的人，但另一方面这也意味着你的圈子太弱了，需要多认识更优秀的人，不是吗？

·多结识优秀的人，为自己“注入资产”

相信大家都明白，我们应该多结识优秀的人，不管是从哪个角度来说都会对我们有利。然而，电话本里有某个人的名字和电话，并不意味着你就认识他，可能你们仅仅只是一面之缘，他对你压根没有一点儿印象。所以，关键不是你认识多少优秀的人，而是有多少优秀的人认识你。

于是你要知道，所谓认识，并不仅仅是你有他的联系方式，而是当你有事情，需要求助于他的时候，你知道自己能拨通电话，能够开口提出自己的请求，而对方答应你的可能性也会比较大，这样这个人才算是你的有效资源，否则一个个电话号码是没有意义的。

可是，问题又来了。优秀的人物本身就是稀缺资源，大家都想结识他们，可他凭什么满足那么多人的愿望？怎样能够结识他们，才是最根本的问题。

我并不认为溜须拍马、处处讨好别人是个好主意。当然，足够的礼貌，足够的尊重，恰如其分的赞美，确实是不可或缺的。然而更重要的还是你这个人，你这个人本身能够为别人带来多大的价值。我们可以这样说，一个人受不受重视，主要取决于他“被利用”的价值有多大。他越是能够“被人利用”，愿意结识他的人也就越多。

可是，一个刚毕业的大学生，你所有的一切，只是自己的一腔热情和充沛的精力，你并没有那么高的财富、地位或者人脉、资本可以“被别人利用”，那么在跟别人交往的过程中，如何增加自己这方面的砝码重量呢？

我认为，靠谱的口碑是你结识优秀人物的重要砝码。因为，正所谓“宁负白头翁，莫欺少年穷”，年轻人一无所有没有关系，那些优秀的人不会因为你目前是只菜鸟而忽视你以后的发展。但是，你以后有没有好的发展，他们会在心里对你做一个评判，这个评判从什么方面得出呢？应该说那是一种综合的评分，包括你的学历，你的专业，你这个人的家庭背景，以及，最重要的一点，你这个人靠不靠谱，能不能够靠得住。

因为，一方面，一个做事靠得住的人也成了稀罕物，太多人做事不靠谱，这样的人很难谈得上有好的发展；另一方面，这些优秀的人有很多事情，不能亲力亲为，他们需要有人帮自己实现，如果他认为你可以帮他很好地实现自己的某些想法，那么你也将成为他重视的人。

所以认真做好每一件事情，不管是你的上司，还是你的客户，包括你生活中认识的那些优秀的人，和他们来往的过程中，用认认真真、踏踏实实的态度，非常敬业、非常专业的态度去做事，给他们留下深刻的、良好的印象，让大家对你的信任度越来越高，那么当他们有事情需要人帮忙，或者有机会的时候，自然会想到你，那么，你们的关系自然就越来越牢固。

有一次我需要做一个网站，找了一家公司，工作被交给一个毛头小伙子，我一看他那么年轻就不太信任，可是老板一再打保票说这个小伙靠谱，于是我就跟他讲了自己的想法。我承认，自己的创意非常天马行空，连我自己都描述得云里雾里。说完以后，我自己都惆怅了，不知道做出来会是什么鬼样子。

但是，当他把方案交给我时，我大吃一惊，因为他不仅把网站做得非常漂亮，而且，一下子给我拿出了三套方案，那些细节方面我自己没有考虑清楚的地方，或者我自己犹豫不决的，他在三套方案中全都给我呈现出来了，这样可以让我做一个非常直观的选择。而且他还跟我从专业角度介绍每种方案有哪些优缺点。

我一下子就看上了这个小伙子，不仅经常向我的朋友们推荐他，而且还试图高薪挖他过来。但是小伙子摇摇头，说现在老板对他很好，他希望先在一个小公司，踏踏实实做事情，安安静静长本事。直到现在，想起没能把他挖过来，我还是觉得非常遗憾。当然现在我们是朋友，我非常乐意为他提供力所能及的帮助。

除了把别人交代给你的事情做好以外，我们还可以主动向别人提供自己的价值。一个人再厉害，他也不可能所有的方面都擅长，那么在你自己擅长的领域，尽可能地为这些优秀人物提供你的帮助，展示你的价值，这也是接近他们的重要方法。

·维护好关系，需要付出努力

前面我们讲到了，当你是自己所在圈子里最优秀的人时，你可能不需要去跟别人维系关系，别人也会主动来结交你，但那不是一种好现象，意味着你的人际圈太狭小，需要注入更多更优质的资源。

另一方面，并不是所有人都愿意去讨好你。很多优秀的人并不会因为你出色，就去主动结识你，毕竟你并不是唯一出色的那一个。简单来说，这个世界上不需要你刻意去维系，还能够一直保持较为良好关系的，一类是非常爱你的人，比如你的父母、兄弟姐妹，或者伴侣；还有一类，就是有求于你的人。

可是，你的生活中不可能只有这两类人，如果你想成就一番事业，必然需要有更多的人来支持你，你要跟更多的人保持良好的关系，而这些关系都是需要你去用心维护的。正所谓远亲不如近邻，即便是原本非常密切的关系。想想看，你小学时的好朋友，高中时的好同学，大学时的舍友，当年你们好到可以同吃一个碗里的饭，同睡一张床，无话不谈，然而随着时间的流逝，假如你们以后不再保持较为密切的往来，由于你们的生活圈子不一样，大家可以共同交流的话题越来越少，关系怎么可能还维持当初的亲密呢？

就连那么强的关系尚且是这样，那些比较弱的关系，就更需要我们去维护了。什么是比较弱的关系呢？这是斯坦福福大学的教授马克·格兰诺维特提出来的，他的意思简单来说，就是把我们的人际关系，根据心理距离上的远近分成两类，心理距离比较近的人就是强关系，而那些你认识，但是并不大关心、也不怎么联系的人，平时几乎没有太多交集，但是你又希望他成为你的人脉的人，这些人就是你的弱关系。

在管理弱关系的时候有一个原则，就是我们要去主动维系这段关系，但是同时又保持适当的距离。你不能过分热情，否则会让对方觉得你有所图，或者是你的过分亲热让对方感觉被侵犯或者被打扰，让人不舒服。

所以你不需要过分热情，也不需要花太多精力去维护，而是把握好尺度，比如逢年过节，或者是当你遇到跟这个人有关系的信息，或者跟他的行业有关的消息，听说他的某些事情时，都可以发一封邮件前去告知，或者是祝贺等等。这些都是较为正常且不打扰人，而且又很有心的社交活动，不会引起别人的反感，同时又能够把这层关系维系起来。

在一次出差中，见到对方公司一行人以后，大家彼此交换了名片，人比较多，大家轮番简单自我介绍，很多人我压根就记不得是谁。回到酒店，我开始整理名片，打算把一些塞进我那厚厚的名片夹里，另外一些丢到垃圾桶里。

这时候，手机提示我收到了电子邮件，打开一看自我介绍，是对方公司的一个年轻人，老实说，我对他压根没有印象，因为那个场合里有很多他的上司，像他那样的年轻人是不会引起别人注意的。但是，他以公司的名义给我发了这封邮件，先是做了一个简洁的自我介绍，然后感谢我们公司给他这个机会，并且希望在未来能够在业务上多多交流，各方面开展合作。

看着邮件，我不禁有些感慨，工作这么多年，收到了那么多名片，发出去了那么多名片，这还是我第一次收到邮件。工作中，我们会收到很多名片，遇到很多人。可是在那仅有的一次或几次见面之后，当一段合作关系告一段落的时候，这些人很快就会成为我们生命中的过客，我们很快就会忘掉他们是谁。

我们收到的很多名片，更是压根就没有机会激活的，很快就会被你清理掉。想要把冷冰冰的名片，变成一个活生生的人，可以帮助你的人，那就要让对方认识你，记得你。我认为，对于自己感兴趣的人，都不妨跟那个小伙子一样，进行这样一个激活的过程，很多人脉就是这样维系起来的。

·在别人需要帮助的时候，伸出援手

我们想要结识更多的人，肯定不是为了听着好听，看着好看的。你肯定想在需要帮忙的时候可以多一个帮手，多一种可能。然而，当你人际网络中的别人需要帮助的时候呢？你会怎么做？

显然，人同此心，你希望在自己需要帮助的时候可以向他人求助，别人也是一样的。在他需要帮助的时候，如果你伸出援手，那么对他来说，你就是他的有效人脉，他会更重视你。如果在对方需要帮助的时候你置之不理，那么很可能在他的人际圈子或者人际名单里，你已经被记上一笔。

人与人之间的相处绝对是相互的，你怎样对待别人，别人也将会怎样对待你。在别人需要帮助的时候，你伸出援手，虽然大家都不明说，他也知道自己欠你一个人情，日后你再讨回人情的时候也就顺理成章。

否则，如果你永远做一个伸手党，只知道伸手向别人问问题、要东西，而从来不肯贡献出自己的才华、智慧、能力、资源，这样的人显然是到哪里都不受欢迎的。

大学刚毕业的时候，我们一些同学经常聚会，讨论一下我们在工作中遇到的技术问题、人际关系问题，同时也交流一些行业间的合作机会，大家都非常喜欢这样的聚会。

虽然没有明确规定轮流做东，但大家都非常自觉，上次这个人请了，下次那个人会自觉掏钱，氛围非常融洽。可是半年以后，我们发现有一位同学从来不肯掏腰包，轮到他的时候，他要么装作不知道要发生什么事情，要么说自己忘带钱包了，别的同学只好去付账，时间长了以后，我们再也不肯叫上这位同学。

不是因为我们小气，舍不得他吃的那点饭，而是我们判断这个人的人品有问题，只知道索取，不知道付出，这样自私的一个人，格局这么小，他以后的发展空间也会非常有限。就这样，他被我们这个小圈子抛弃了。

当然，别人需要帮助的时候你伸出援手，并不意味着当你需要援手的时候，别人也会伸出手。但是可以确定的是，如果在别人需要帮助的时候，你从来不肯支援，那么，当你需要帮助的时候，肯支援你的人应该也不会多。

但是我想要提醒大家的是，帮助别人也是有限度的，并不是所有的忙都应该帮。

有一次我听到一位同事接电话，她平时轻声细语，从来不肯跟人脸红的。但这次能听出来她的声音很气愤，而且是在拒绝别人。挂完电话以后，她跟我们抱怨，对方让她帮忙写一篇在职研究生的毕业论文。

“他说，这对你来说是小意思啦，花不了你多少时间，我也一定会表示感谢的。什么叫花不了我多少时间？求人帮忙哪儿有这种态度的，更何况是这么过分的要求，真亏得他张得开口。你们说气人不气人啊？”

像这样的忙，我们就不应该帮，因为首先，这个要求很过分。其次，这是一个不知道感恩的人，而且对你的工作量、对你的付出没有概念。他认为只是一个小忙，事实上你要付出非常多的精力，非常大的代价，然后你的心理会感到不平衡，从长远来看，对你们的关系也不会有良性影响。

在我看来，我们帮助别人的频率和内容都要有原则、有限度。首先你帮助别人，不能让自己伤筋动骨，最好是你举手之劳的事情，顶多是略感吃力，不要过分影响到自己的工作和生活。只有不让自己太吃力的帮忙、适当的付出，才会形成一种良性循环，否则，当帮助别人让你疲于奔命时，会让你觉得，帮助人是一件非常痛苦的事情，这肯定不是非常理想的状态。

然后，付出以后不要总想着回报，虽然暂时你没有看到明显的、直接的回报，然而它的因果链条可能会很长。你的慷慨和人品，别人会看在眼里的。每个人都希望自己的圈子里有乐于助人者，那么会有更多的人接纳你、喜欢你，这会帮你在如今这个网络与交通都高度发达的现代“陌生”社会里，变得越来越有价值，你说呢？

第七章

你的时间用错了，当然没效果

——这5年，你要锻炼出“高效能”

·为什么你总是感到时间不够?

刚毕业的时候，你给自己制订了美好的计划：每天下班之后，做营养健康的晚餐，然后运动、看公开课视频、读书，每周要有不少于三次的中等强度运动，要跟朋友多碰面联络，还要学习你一直都喜欢的绘画、雕刻，等等。

然而当你真正实施的时候，才发现几乎不可能，因为你根本没有那么多时间，于是所有的计划都被搁浅，健身卡也不知道丢到哪里去了。为什么你会觉得时间不够呢？是你的时间真的不够吗？

可能你会说：“我的时间真的不够。在北京上下班，每天花在交通上的时间有三个小时，下班回到家之后已经累得要死，别说做饭了，连衣服都不想洗，然后回完各种信息邮件，看看大家的朋友圈儿，就到了该洗澡休息的时候了。有时候还得加班。周末呢？原本计划叫上三五好友去郊外旅行，或者吃个饭聊聊天，然而你又要去营业厅去银行办各种乱七八糟的事情……”

如果这是所有人的相同感觉也就罢了，可是显然不是。为什么同样的条件下，有些人完全有时间完成你的美好规划，而你就没有时间呢？

现在让我们来想想看。每天花很长时间在上下班的路上，这是一件很无奈的事情，对于刚刚毕业，经济实力还不够的你来说，在公司附近住可能也不大现实，但是这段时间也是可以被有效利用起来的，后面我们再讲。

除去上班和交通时间、吃饭时间、睡眠时间，每天你至少还都会有两三个小时可以支配，那么这些时间是怎样被利用的呢？可能你根本没有发现时间是怎样一点点溜走的。

如果你经常完不成自己的工作任务需要加班，那你要反省，要么是你的工作量的确很大，要么是你不懂得拒绝，以及你的工作方法有问题，或者工作效率需要提高，或者你压根没有搞清楚自己的职责在哪里。更有可能的是，你有太多浪费时间的行为：

比如你去洗手间的时候，带着手机，原本五分钟可以解决的事情，你至少花了十五分钟，一直到脚都发麻了，才恋恋不舍地走出来；

工作中，原本你是要休息五分钟再继续的，但是一旦拿起手机开始刷朋友圈，就停不住了。结果这原本只打算花五分钟的休息，一直延长，延长到了十五分钟，然后你才不得不意犹未尽地放下手机。可是你的大脑还停留在各种新闻八卦和朋友们晒的各种美食、风景，以及各种五花八门的资讯上，不能很快地投入到接下来的工作和学习中；

如果你是一个女生，我们先不说你每天花在化妆、照镜子上的时间有多少，就说网购的时间吧。我认识很多女生，往往在逛了几个小时的某宝之后，才发现原本想买的东西压根还没有看，于是这才开始搜索，不知不觉，半天就过完了，然后她们也还没有买到称心的东西。

还有人在没有工作状态的时候，喜欢逛论坛，刷新闻，看看今天哪位明星出轨了，明天哪位明星在上演家庭伦理大战，以及我们的邻国和地球的另一边，都发生了哪些比电视剧还要精彩的剧情。于是，大事小情你无所不知，什么新闻你都知道，什么明星你都认识，可是唯独不知道自己这个行业的前沿信息；

还有很多人会每天花很多时间在自己的情绪上，他们会想“为什么我要做这些无聊的事情，为什么我的才能不被重视，为什么我现在过得这么不如意”，在各种胡思乱想以及负面的情绪中，一天就这样过去了；

还有很多人恰好相反，他每天都花很多时间在给自己画大饼，勾勒美好的前景，幻想自己如何创业然后又取得了多么辉煌的成功，脑袋里会冒出一个个点子。但是一觉醒来，什么就全都忘了……

你的时间就在那里，一分一秒也不比别人少。如果觉得不够用，只能说明你不会用。你说呢？

·时间这样划分更科学

你每一天的时间，除去吃饭、睡觉、花在路上的时间等，其他时间你都是怎样支配的呢？我有一位朋友特别好玩，她从来不肯承认自己有休息的时间。用她的话：“我每天不是在工作，就是在学习。”

我问她：“那你玩手机，跟我们聊天的时候算什么？”

她说：“那是在工作呀，我在跟大家联络感情，维系我的人际关系。”

我问她：“那你每天都逛论坛呢？”

她说：“那是在学习呀，是我在提升自己。”

我又问她：“那你每天化妆打扮，买衣服，玩美颜相机的时间呢？”

她说：“那是在工作啊，为了塑造我的良好形象。”

于是她坚持认为，自己一天中所有可支配的时间只有两个内容：工作和学习，自己的时间得到了充分的利用。

当然，她非要这么认为我也拦不住，只是我认为这种划分有点自欺欺人的味道。你认为自己每天不是在工作，就是在学习，自以为非常有效地利用了时间，始终忙忙碌碌的，似乎自己在时间利用方面尽心尽力，无可挑剔。

可那只是你自以为，事实不是这样子的。你在工作间隙上网浏览新闻，那是一种休息；除了完全属于工作上的应酬之外，你的社交活动那也是休息；在大脑一片空白发呆的时候，跟亲人聊天的时候，跟朋友们开玩笑的时候，以及你坐车时听音乐听相声，这都是在休息。

问题在于，你不是不应该休息，而是你应该承认自己需要休息，承认自己在休息。有些人不愿意承认自己休息，仿佛年轻人休息就罪大恶极似的。不是这样的，我们既需要工作、学习，需要提升自己，需要思考，也需要休息。并且，我们要非常清晰地意识到自己需要这些内容，专门为这些内容安排时间。

为什么我那位朋友坚持认为她的时间只花在工作和学习上了？因为她认为这两部分内容很重要。那也就意味着，如果你不把提升自己的时间、思考的时间、休息的时间单独列出来，就表明你认为它们不够重要，你对它们不够重视。

就拿我自己来说，上班的时候，我会花 5 分钟把今天的工作内容列出来，估计一下每项内容大概要花多少时间，进行一个大致规划。这里给大家推荐一种时间管理方法——番茄工作法，感兴趣的朋友可以自己去查看。

回到我身上，我在每工作半小时到一个小时之间，手头的工作告一段落时，会酌情给自己 5 到 10 分钟的休息时间。工作的时候，我会全心投入，告诉自己“完成这一部分内容你就可以休息一会儿”。而休息的时候，我也就非常放松地休息，我要用休息来奖赏自己之前高效率的工作。休息时段结束后，我又重新投入下一段的工作，给予百分之百的热情和专注。

工作内容就不说了，休息的方法是有讲究的。它的目的是为了再出发，再度开始高效工作。所以，不适合进行较为剧烈的娱乐，比如看爆笑视频，以及猛刷朋友圈等等。原则上，最好是轻松、舒缓的内容。比如，安心听一段喜欢的音乐，远眺一会儿，回答刚才工作时没有回复的闲聊，跟同事聊几句天等，都是可以的。工作间隙的休息时间，我会喝喝茶，听首曲子，做做手指保健操等。

至于下班以后的时间，主要用于提升自我。我给自己规定，每天晚上八点到九点半之间，要学习一个半小时，可以是读书做笔记，也可以是看视频听讲座。这段时间，我会把手机静音，放在一伸手够不到的地方，以免它打扰我。当然，在这一个半小时之间，也有一个十分钟的休息时间，我会站起来走走，看看手机上有没有未接来电等。

至于上下班路上的时间，当初不开车的时候，我主要是用来思考，总结前一天的学习内容，思考手头的工作应该怎么做，并且思索自己的未来规划等等。开车以后，为了安全，路上的时间只能听听新闻、听听音乐，也算作休息了。但是路上节省出来的时间，我会用来专心思考。

工作日，我不会给自己专门划出大块时间休息，因为有的是零碎的时间不得不休息。午餐、晚餐前后、洗澡后睡觉前，全都是休息时间，可以用来给别人点点赞、浏览一些新闻，给亲朋好友打打电话等。但是周末，我会专门安排大块时间与朋友见面、锻炼身体，或者去郊游等。但周末的更多时间，我是拿来提升自我的，因为要学习的东西总有那么多。

·紧急的事情提前做，重要的事情别忘做

不管你有没有火烧眉毛了才想起做一件事情，或者被催得火急火燎地赶进度，我们都需要考虑一下这个问题——关于紧急的事情和重要的事情。基本上，能处理好这两类事情，我们的工作和生活就不会有大麻烦。

这要先从事件分类说起，我们要把自己遇到的所有事情分为四类：

第一类是既重要又紧迫的事情。什么是紧急的事情呢？就是那些必须马上去做的事。比如明天就截止的工作需要你加班，比如晚上要去应酬客人，比如跟女朋友约会不能迟到必须马上出门。那么什么是重要的事情呢？重要的事情是指，可能会对你这个人产生重大影响的事。比如过马路要注意安全，为了保护胃要按时吃饭。

那么，突然有一位非常难缠的客户上门，按时高质量完成工作，以及生病要住院。诸如此类的事情，都可以归入这一类。

第二类事情是重要但又不紧迫的事情，比如制订你的长期职业规划，发现工作中存在哪些问题以及应该怎样去避免，参加一些职业培训提升自己，向上司提出一些建议，以及为了身体健康要锻炼身体，为了亲情和友情要花时间陪伴家人朋友，等等。

第三类是紧急但不重要的事情。比如，你接到的骚扰电话，那些没有太大意义的会议，不速之客的来访，都属于这类事情。你必须马上去

处理，但是对你来说并不重要。

第四类是不紧急也不重要的事情，所有的娱乐生活以及八卦明星隐私都属于这类事情。无疑这是最不需要花时间的事，但也并不意味着完全没意义，它会给你带来快乐。

分完类之后我们可以看到，需要我们花大量时间的事情，主要是第一类和第二类。

对于重要但不紧急的事情，我们有很多时间可以慢慢去做。需要注意的只有一点，千万不要因为它不紧急而忽略了它的存在。

我的建议是：大家可以做一个桌面便笺，你需要把那些对你的人生发展非常重要，但是又不会紧逼你的事情写在便笺上，每天都能看到，它会提醒你千万不要忘记去做。

对于非常紧急，而且很重要的事情，我的建议是：如果可能的话，尽量把准备工作都做好。其中非常关键的一项是让自己的办公秩序整齐。

我遇到过很多刚毕业的年轻人，在找东西上花费大量的时间。当我突然跟他们要一份文件时，他们手忙脚乱地翻箱倒柜，毁了半壁江山，都未必能拿出我要的文件。还有一些人出门办事，因为没带齐文件，不得不折返回来，然后再重新出门，浪费的都是时间，而且会给上级留下非常差的印象。所有这些，都是因为你在一个人管理方面混乱，让自己陷入非常被动以及无序的状态。

但是大家需要注意，对每个人来说，重要的事情是不一样的。如果你希望早日实现财务自由，那么赚钱是很重要的事情；而对另外一个人来说，他认为亲情最重要，所以陪伴家人对他来说是更重要的。因此，在确定什么事情对自己重要的时候，你可以问自己：我想要拥有怎样的人生？什么能给我带来最大的满足感？当你弄清楚以后再去做。

我给大家的建议是：每隔一段时间，比如一个月左右，反思一下，把最重要的那些事情列出清单；然后每天晚上睡觉之前，或者第二天早上起床之后，写下你这一天最重要的事，并且把它们按照重要性和紧迫性排序，先去做最重要且急迫的。由于远期和近期重要的事你都弄清楚了，并且一直按照优先级去做，也就不必担心总是手忙脚乱。

· 失败的人总把时间用在享受生活上

很多年轻人都把“生活不止眼前的苟且，还有诗和远方”挂在嘴上，我不知道，年纪轻轻的你们凭什么去享受诗和远方？如果在你最应该拼搏的日子里，一心向往诗和远方，那么你不只有眼前的苟且，你还有未来换个地方继续苟且。

还有人会说：“为什么要活得那么累呢？为什么要给自己那么大压力呢？不要有那么多的欲望，好好活在当下，对自己好一点，不为难自己，不也挺好的吗？”是的，当你的父母还年轻，当你没有家庭负担的时候，你养活自己就可以，完全没问题。然而，想想现实吧，你拿什么去购买价格不菲的房子？你用什么来承担未来家庭的重担？你拿什么来养育下一代？你拿什么去面对那不可预知的未来？

我的一位远房亲戚，大学毕业之后顺利进了一家大家都很羡慕的企业，由于那个年代的大学生很吃香，他发展得非常好，很快就成为中层领导。单位福利待遇好，他年纪轻轻就在市里有车有房，生活富足，成为众多亲戚教育孩子好好读书的榜样。

然而没人想到的是，就在 2008 年，他年近四十的时候，这家企业居然把他裁掉了。这时候正赶上女儿读中学，家里老人年岁大，而老婆常年在家操劳家务带孩子，事业发展得也非常不好。于是原本看起来非常美满安稳的生活，瞬间崩塌。再重新找工作，不管是工作经历还是年龄，都已经非常不占优势了。

他逢人就说自己倒霉，可在我看来，坏事落在他身上是非常正常的，毫不意外。首先，随着市场的变化，那家曾经不可一世的能源企业，越来越不景气，一直都在裁员，只不过一直裁的都是没有学历的底层员工。而我这位亲戚作为中层领导，从来没有想过这样的事会落在自己身上。但事实上，虽然他是中层，可是这么多年来从来不曾在管理上下工夫，而他这个行业的技术门槛又非常低，一个毕业三年的本科生完全可以替代他的工作。由于他的资历非常老，工资待遇比较高，所以，把他换成一个成本低很多的年轻人是非常划算的事，何乐而不为呢？事情要怪，就只能怪他自己在年纪轻轻的时候，在毕业三五年之后，就停止努力，开始享受他的美好生活了。

享受美好生活难道有问题吗？完全没问题，人活着谁不愿意享受？人的天性都是更愿意享乐，而不是吃苦奋斗的，这毫无疑问。可是，在风华正茂的时候，我们为什么要逆天性而为呢？

因为我们随时可能会面临风险，在未来的生活中我们永远无法控制一切朝你自己期望的方向发展。既然我们可能面临职业风险，既然我们永远无法预测也不可能揣度未来的走向，那我们现在能做的唯有不断精进自我，让自己掌握主动权。让自己在面临任何变数的时候，都有一技之长给自己足够的安全感。因为这个世界上只有一种安全感，那就是你的能力在任何环境任何条件下都有用，都能给你带来饭碗。有了这种能力，在面临未来的人生时，你才不会太被动。

我的那个远房亲戚，在大家都拼命奋斗的时候，他到处旅行，过着喝茶看报纸安稳又清闲的幸福日子。他忘了，身边的人都在进步，只有他停止不前。

人生的得与失、付出与享受终归是平衡的。在体力、精力包括智力都处于高峰状态的时候，你用来享受人生，那么你拿什么来面对窘迫的晚景，以及失败的一生？

正如网上有人说的那样："当你不去旅行，不去拼一份奖学金，不努力干好一份工作，整天刷着微博，逛着淘宝，玩着网游，干着我 80 岁都能做的事情，你要青春有何用？"

·早起 30 分钟，你可以做很多事情

如果每天早起 30 分钟，你的人生会发生什么样的变化呢？

让我们先来算一下，每天早起半个小时，一年就是 183 个小时，23 个工作日，相当于整整一个月的工作时间！平白多出一个月，想想我们能做多少事情呢！

不说这段时间有多长，我们单看它的特点，就决定了这段时间做事情会非常有效率，第一，这段时间不会有人来打扰你，第二，在经过了一夜的充足睡眠之后，你的精力特别好，非常适合用来思考重要问题。

你可以用这段时间规划人生，思考五年之后你希望自己是什么样子，以及为了实现你的目标现在的你需要付出哪些努力，在哪些方面有所精进。除了远期规划之外，我们还可以为每天的工作做计划，让一整天都有条不紊。可以思考工作中生活中遇到的难题，你甚至还可以翻开一本书进行略读。当然，你还可以用来锻炼身体。

如果你以为早起半个小时只有这些功效，那就错了。你可能不知道，每天早起这半个小时会为你整个人的人生状态都带来很大改变。

举一个例子吧，我一开始上班时，每天 7 点钟起床，8 点钟出门。原本车程只需 20 分钟，但由于早高峰，我至少要开 40 分钟的车。而当我提前半个小时，7 点半出门的时候，路上顺畅很多，于是我在 7:50

左右，提前将近一个小时到公司。我会花半个小时的时间，先为全天的工作进行规划，半个小时之后，我打开电脑，给自己泡上茶，整理好文件。当同事们揉着眼睛进办公室的时候，我已经工作了半个小时，而在他们磨磨蹭蹭开电脑准备进入工作状态中时，我已经工作了一个小时。

由于我一下子多出来了那么多时间，于是每天的工作任务看起来都很轻松，而且工作效率居然也出奇地高。再加上我每天都很早到公司，迅速引起了上司的注意，在看到我的工作业绩后，开始慢慢把更多更重要的任务交给我去做。这一切只是因为我每天早起了半个小时，整个世界就显得顺畅了许多。

但是现在问题来了，怎样才能做到早起半小时呢？别说早起半小时了，对很多人来说，能晚起一分钟都是好的。大家经常在闹钟响了之后按掉它，等到不得不起床的时候才非常不情愿地爬起来，让他们早起半小时简直太要命了。

怎么办呢？首先你要有非常强的决心，意志要足够强烈，告诉自己：我一定要早起这半小时。在此基础上，你要做到早睡，如果你每天刷朋友圈、在网上冲浪，一直到凌晨一两点才睡，早起会影响到白天的工作效率。所以早睡是前提，你要尽量在晚上 11 点之前上床睡觉，保证每天有 8 个小时的睡眠，早起后才会神采奕奕，而不是觉得疲惫。

还有一个小建议给大家：要想让早起半小时真的能够实施，就给这半小时规定具体的任务。比如我会告诉自己，我要去公司把一天的工作规划和大致方案都制订好。你可能会想着早起要读半个小时英语，或者锻炼身体，这些都是很好的目标，但还不够具体，你需要给自己更具体、操作性更强的方案。比如说，我明天早起要写一篇读书笔记，要读完 20 页书，等等。这样清晰的小任务会给你带来更强的动力，帮你起床。

·用你的“暗时间”悄悄提升自己

在讲这个问题之前，我们先要看一下“暗时间”的概念。什么是暗时间？简单来说，所有在暗地里悄悄溜走的，你还没有察觉就已经浪费掉了的时间，就是暗时间。

很多时候，你以为自己在认真工作，其实你是在浪费时间。

比如，那些冗长而内容空洞的会议，这是你自己已经意识到的暗时间；

同事之间那些毫无意义但是你又觉得不得不参加的闲聊；

你每个小时都要去打开邮箱看上几次，这种邮件强迫症花掉你很多暗时间；

你在网络上闲逛，一逛就是半个小时，每天都在浏览和你打开浏览器时希望去做的事情完全无关的网页，花的也是暗时间；

再比如，你希望自己能够同时处理好几样工作，你自以为在多线程工作，事实上它会导致你的工作效率下降，而且会让你的压力更大，这些因为多线程工作而导致的效率下降，所浪费的时间也是暗时间；

再比如，你频繁切换工作任务，在一件事情还没有完成的时候，就开始另一个，然后有其他事情插进来，就开始着手去做另外一件事情，在各种任务之间频繁切换，造成你的时间成本大大增加，这也是暗时间。

据统计数据显示，上班族平均每 3 分钟就会被打扰一次，比如有同事过来跟你聊天，接打电话，上司走过来交代一项新的任务等等。在这些打扰过后，你重新返回手头工作所需要花的时间成本是非常巨大的，平均要花上 23 分钟！

总而言之，所有琐碎的时间，因为效率低下而浪费的时间，因为干扰所浪费的时间，因为犹豫所浪费的时间，全都是暗时间。

大家可能根本没有意识到，你所花的暗时间有多少。有一篇调查显示，假设每个人一生能活到平均年龄 78.6 岁，那么这一生中，你看广告花了两年，女生决定穿什么花了一年，男生瞟美女花了一年！事实上，我觉得女生花在买衣服照镜子上的时间，以及男士花在看各种美女上的时间，可不止一年。

可能你对这个数字感到震惊，但这是真的，只不过在每一次你花暗时间的时候，自己都没有察觉到，时间长了累积起来，就有了这种连你自己都震惊的巨额数字。

所有这些暗时间，都会给你带来损失，有经济方面的损失，也有精神方面的，它会让你面临更大的工作压力。所以，如果能好好管理这些暗时间，有了它们作保障，我们提升自己也就显得更容易，而且更迅速。

那么，首先我们要做的工作就是，做一个记录。记录你的时间都去哪儿了。了解自己的时间支配情况，明白时间都花在哪里，是制订对策的基础。

我们可以以“周”为单位，记录一个星期，然后看看你的时间都花在哪儿了。如果你的时间大部分都花在不停地刷朋友圈、刷微博、看邮件上，那么偶尔给自己断网可能是你需要下的决心。

如果你每周花了很多时间在跟同事闲聊，交流人生以及倾听她们带孩子的技巧上，那么，分清楚何时该委婉地拒绝闲聊，可能就是你下一步的重点。

如果你发现自己的工作效率比较低是因为频繁地切换工作任务，或者是经常被打扰，那么你就要试着拆分你的工作任务，同时建立一个免打扰原则。比如，手头有一项比较大的工作任务，周期比较长，那么你要把它拆分成好几个部分，制订出每一天的进度表，切割成以半小时或一小时为单位的工作任务。在没有完成这个任务之前，尽量先不要切换到其他工作上去，尽可能一项一项地完成。

当然，完全不被打扰是很难实现的，因为当上司布置新工作任务的时候，你不可能要求他“你先别说，等我把这工作干完了再说”，所以彻底摆脱打扰是不切实际的，但是你可以尽可能地为自己减少暗时间，比如，如果可能的话关上办公室的门，或者把手机设成静音，或者当同事都在闲聊的时候自己戴上耳机，或者在适当的时候暗示别人“我手头还有工作要忙”。

另外，你还需要学会拒绝，试着告诉对方，你可以帮他们，但是需要你先把手头的工作完成，而不是事事迁就别人，先满足别人的意愿，却以牺牲自己的工作效率为代价。

· 帮你告别拖延的一套方法

拖延是一种病，这种病有多害人，相信不需要我多说。有些工作，拖延一段时间还没什么大碍；但有些事情，一拖可能就拖没了。比如，你对工作有了一点心得体会，原本可以写出一篇非常好的总结，可以在下一次会议上一鸣惊人引起上司的注意。然而，你一拖再拖，想过两天再写，可是过了那个劲头，你就再也写不出来了。

刚刚接手的工作任务，你总想着等自己状态更好的时候再去做，总想着时间还多哦，过两天再说，于是一直拖到临近最后期限，你才慌里慌张去做，质量可想而知。就这样，你不知道，拖延在无形中让你失去了多少机会，让你错过了多少次成功。

为什么你总是爱拖延呢？跟自己就没有什么好藏着掖着的了。老实承认吧，绝大多数情况下，不是因为别的，你就是懒。

承认自己懒惰没什么大不了，也许我们生性懒惰，所以冬天在温暖舒服的被窝里，没有人非常乐意爬起身去寒冷的户外锻炼身体，虽然你很清楚，后者对你更好。拖延也是一样，即便你知道马上去做这件事情对你是更有利的，可是天生的惰性会阻止你去行动，怎么办呢？违反天性的事情总是很困难的，那么我们就用另一种天性来打败它，比如你可以告诉自己：“我现在马上动手去就去做，完成之后我可以给自己一点小奖励，比如吃一块甜点，或者今天可以多看一集美剧，或者可以带一束玫瑰带回家。”用奖励来鼓励自己马上动手去做。

动手之前，我们需要做的另一个心理准备，是告诉自己“我未必做得完美，但我会尽力去做。”很多人一直拖着不肯做，是完美心理作祟，害怕结果不尽如人意，担心过程中可能会出现问题，种种焦虑不安和担忧导致他们迟迟不肯动手。这时候，告诉自己：“我一定会尽力去做，但是问题难以避免，没关系，总能搞定的！”

做完心理工作，开始动手之前，首先要做的是切断干扰，因为喜欢拖延的人也特别容易被打扰，那么我们就要尽量远离干扰源，比如手机、电脑甚至是网络，不需要用网络的时候你可以考虑断网。把手机静音，把身边所有可能打扰到你的事情，比如通讯工具全都切断。我写文章的时候就会把手机静音，把网络断开，一直到写完。让自己保持专注的状态，有助于你提高效率，你会发现原本两个小时才能完成的事情，现在一个小时就足够了。那么节省下来的时间，你可以拿出一半来彻底放松，这样既能提高效率，同时又可以得到更好的休息。

为了保持专注，一方面我们要切断干扰，另一方面要设定“专注时间区”。比如这半个小时之内我要做文案，别的什么事情都不做。因为一大段时间是很难管理的，我们把它切成小块儿的时间，这样可操作性更强。

我们还可以分解任务，把非常大的任务分解成一个一个的小任务，然后把每一个小任务分配到每一小段时间中去，这样就把那些让人望而生畏的大目标变成了一个个看得见，摸得着，更可能、更容易搞定的事情，这样我们就不会因为内心的那种畏惧感而一再拖延。

我还想要强调的一点是，一次只做一件事情，避免多线程操作。虽说我们的大脑比较智能，你可以一边洗澡一边唱歌，一边做家务一边听音乐，这些没有问题的，但是这些可以同时进行的几项任务都不是特别需要集中注意力的。一旦你要做的某件事情需要高度集中注意力，而你又多线程工作的时候，它会让你的大脑压力非常大，同时效率也比较低。

因此，需要专注去做的事情，就一次只做一件，完成任务之后再去开始另一件。完成一件任务给你带来的满足感和成就感，有助于你动手去做另一件事情。

最后，如果你要做的事情实在太多，而且你刚刚踏上告别拖延之路，之前已经积累了很多迟迟未做的事，那么现在让我们正视问题，给自己建一个列表吧。把所有你一直拖着没有去做的事情，比如去看望你的奶奶，去读完那本已经读了半年的书，打理阳台花园等等，都列出来。这个列表里面的事情都是那种并不紧急，但是你非常愿意去做的事情。那么当你以后有空余时间的时候，就可以打开这个列表，挑其中的一件事情去做。这时候，这些曾经被你拖延的事情，也变成了生活中的一种小乐趣，不也是挺好的吗？

·有了紧迫感，以后才有幸福感

紧迫感，听名字你就知道，它意味着紧张，意味着压迫，意味着压力，真不讨喜。我承认，保持紧迫感是不能让人舒服的，因为那意味着巨大的压力，谁不愿意自己的生活平静幸福又温暖呢？可是，紧迫感是有好处的，它可以避免我们在危机真的到来时措手不及，只有内心危机感非常强烈的人才能生存，因为他们一直有紧迫感，这样在面对危机的时候才能更好地应对。

自从大学毕业，我就再也没有去过图书馆。有一次参加活动，顺便去阅览室逛，猛然发现，那些很多一看就是学生模样的人，都在用自助借书机借书，压根不需要去人工柜台排很长的队。于是我就走过去研究那些新机器，发现不管是办证，还是借书、还书，现在完全都可以用机器操作了。

这让我非常惊讶，虽然我经过一会儿的摸索之后，学会了该怎样操作这些机器。但是我会想，假如我的父母，或者我的长辈他们到这个图书馆，假如已经没有人工柜台，他们能不能顺利借到书呢？我又想到现在很多银行，很多业务都在用机器自助办理甚至还包括手机营业厅，他们能够习惯这样现代化的生活方式吗？

于是我的危机感马上就上来了，我学习的紧迫感马上就很强烈。有一天我也会变老，当我不能适应这个社会飞速发展的节奏时，是不是也会被时代抛弃？当你看到这个世界日新月异的发展，看到手机电脑上那些五花八门的 App 时，你会有紧迫感吗？反正我会有。

回到公司，看到那些新来的年轻人，看到一双双充满野心的眼睛，一双双盯着你的职位的眼睛，你会有紧迫感吗？可能你还年轻，觉得自己是新人，觉得自己的职业生涯刚刚开始，不用给自己太大压力。可是，人最怕的就是温水煮青蛙，在不温不火的环境中麻醉自己，当你适应了眼前的工作，做什么都很顺手的时候，慢慢会爱上这种舒适的感觉，而一天又一天重复以往的生活，会让你有一种错觉，以为这种生活会一直持续下去，不会变。“我只要明天继续这样做，把工作做好就没有问题”，事实上，没有人跟你保证明天太阳会照常升起。让自己麻木以后，也许公司会日复一日这样发展，可是你将会因为没有持续努力和进取，而被公司抛弃。

所以，为了长久的幸福和安全，紧迫感是必要的。然而，比没有紧迫感更可怕的，是有虚假的紧迫感。什么是虚假的紧迫感呢？人们总是会把慌乱、忙乱当作紧迫感，还有人会把最后期限到来前的那种焦虑、沮丧、紧张、疲惫当作紧迫感。

事实上，它们只是你时间管理不当所出现的后果，而不是紧迫感。真正的紧迫感，不是“我今天必须要把工作完成，否则明天上司会怪我”，而是“我今天必须要把工作完成，否则它会耽误我明天的成长”。

真正的紧迫感是一种发自内心的、非常主动的，而且目标明确的驱动力。不管有没有任务在催你，有没有紧急的事件催你，你都会给自己一种非常强烈鞭策。在强烈进取心的驱动下，去关注周遭发生的一切，同时不断为自己定位，不断思考自己的发展。

所以，要想有真正的紧迫感，最关键的还是内心要有强烈的进取心，以及非常强的时间观念，要有时时刻刻反省自己的态度，要有一种“一直在路上”的态度，有一种不断充实人生的意愿，有一种让自己的生命更绽放的渴求。有了这些强烈的诉求，相信你就能时刻保持紧迫感。

第八章

如果你不想一辈子都在底层混……

——这5年，你要学会如何"带团队"

·不想当将军的人永远没前途

即便你学的是管理专业，作为一个刚刚毕业的大学生，也没有企业愿意把公司交给你来管理的。但不管你是什么专业，哪怕是哲学、历史专业，当你在工作一段时间之后，也必须要考虑跻身管理层。

这不仅仅是因为不想当将军的士兵不是好士兵，更是因为，一个连将军都不想去当的士兵，可能连士兵也做不好。

我知道，有些人原本就有着远大的目标，从小就想指点江山，发号施令；但是另外一些性格较为内向的人，可能他们压根儿就不喜欢站在台前，只希望在幕后默默地做自己的事情，如果你给他一个管理的职位，他都未必喜欢去做。

可是，对于后一类人，除非你有一颗无比强大的心灵，否则一辈子都在技术岗位，你真的能保证自己的心态不会不平衡吗？

20 多岁的时候你做专业技术工作，会觉得心安理得；30 多岁的时候，和 20 多岁的年轻人做同样的工作，你可能就已经心理不平衡了；等到 60 岁即将退休的时候，你依然是一名高级技术工人，你真的喜欢那样吗？

且不说企业是不是允许你在需要眼疾手快、精力充沛的岗位上做到 60 岁，如果真是那样，可能所有人都会怀疑你的能力，包括你自己。

不要以为你的经验无比丰富就受欢迎，因为和年轻人相比，有些工作，经验丰富的老人并没有太多优势。

有一定年限的经验之后，其他的时间，你都只是在重复往日的工作，并没有多大的提升。从这个意义上来说，不肯挑战自我、追求更有难度的工作、追求不同的岗位，就是一种怠惰。

而且，我认为每一个人，哪怕你今天第一天上班，都要有未来成为管理者的考虑，因为只有当你从那样的高度去看问题，很多时候才能更好地理解上司的决策以及接手的任务。这样除了能够更好地完成任务之外，也会让你在日常的工作中不断培养团队精神，思考问题的角度也能更全面，这都非常有助于你脱颖而出。因此，即使你一开始职位并没有得到提升，并没有成为一位将军，但是也有助于你做一名好士兵。

但是，虽然我说每个人都应该有成为将军的梦想，并不意味着你要急功近利，迫不及待地实现。我们人生的每一步，都要走得坚实而稳定，脚下的平台越坚实，我们才越有可能到达更高的巅峰。所以，在需要打基础的阶段，怀揣着当将军的梦想，我们还是要踏踏实实做好现在的事情，而不是好高骛远。

我有一个朋友学的是经济专业，毕业之后去了一家规模很小的证券公司工作，而且只是一个小助理，帮分析师收集数据。所有人都在劝他："早点去考一个资格证书吧，做小助理有什么出息。"但他都只是笑笑，继续耐心细致地做好他的数据整理工作，一做就是四年。

四年以后，他才拿到了证券分析师的证书。这时候，有人邀请他跳槽，但是他也拒绝了，他说虽然这个邀请的薪资待遇都非常诱人，但自己有规划，他不愿打乱自己计划的节奏。

就这样，又是两年过去。这一次，他接受了另一份邀请，选择和别人一起创业。所以，我这位朋友，你不能说他没有野心，只是他有自己的节奏，非常扎实、非常稳妥地一步步前行。他对自己有非常清晰的定位，对自己的期许和实际能力也有非常清楚的认识，所以他能够潜心学习，因而在成为管理者的时候也能够游刃有余地驾驭。

所以，我倒是觉得这位朋友的做法更为可取，大家要有伟大的梦想，但是不要被“成名要趁早”这样的说法所迷惑，不要以为自己工作两年之后就足以胜任管理的职位，如果没有得到提升那就是没有遇到伯乐。

从职场新鲜人到能够独当一面的青年才俊，再到企业管理者，这中间的过程，一般需要 2~8 年。当然，工作性质，以及你自己的努力程度、天赋、运气等等，都有可能会影响到你的职业发展速度。但，只要你在士兵的位置上做好积累，总有一天，你会有所突破，完成从被管理者到管理者的转变。

·给你一个团队，你的角色是什么？

在开始这个问题之前，首先我想跟大家明确两个概念，boss（老板）与 leader（领导）是不一样的。如果你自己创业做 boss，那么你是一个真正的领导者，要对企业的未来走向、整体决策等全权负责，你要经常思考战略性问题。但是，leader 不一样，作为一个中层或基层管理者，你是一个团队的核心，主要作用是激励团队中的每一位成员都尽可能贡献自己的力量，能够很好地去执行决策。

所以，有朝一日你成为管理者，给你一个团队，你首先要弄清楚自己这个团队整体的定位是什么，然后就是要确定你自己的角色。这里我们暂且不谈 boss 的角色，那是更复杂的话题，我们且来看看 leader 的角色。

当年，我刚刚当上部门经理的时候，兴奋劲儿过了之后，马上就觉得焦头烂额。上司的命令我得不折不扣地执行，向上负责；同时，下属的工作积极性也需要我去调动，他们的发展我也需要考虑，牢骚和抱怨我也要承受，真是两头受气。

比如，我的那五六名下属，都是理科生，文字功底不是特别好，但不管怎样，至少表达准确，理解起来没问题。我觉得也不该苛求这些理工男拿出作文范本。可是我的分管领导，却是一个特别喜欢咬文嚼字的人，总是对一些字眼和标点符号抠得非常细。下属交上来的文案，我觉得他们尽力了，不太好说什么，可是上司又总是训斥我不认真。有时候夹在他们之间真是觉得心力交瘁，特别委屈。

后来我也想明白了，中层嘛，可不就是名副其实的夹心层，虽然委屈，但也重要，是沟通上下的重要枢纽，这也是人生必然要经历的阶段，那就打起精神来面对自己的角色吧。

身为团队管理者，如果你上面还有上司，那么你的角色至少包括下面这些：你既是上下之间的沟通者、协调者，还是上司眼中的执行者，下属眼中的领导者。所以，你既要担负起领导责任，能够给下属提供指导和指引，还要严格执行上司交给的各种任务。

在一个较为完善的团队中，需要有人扮演实干者的角色，踏踏实实做事情；还要有人是协调者的角色，能够协调团队内部的各种矛盾，以及与上级和其他部门之间的关系；同时还要有人扮演进度推进者的角色，有人扮演创新者的角色，还有人要担负起监督完善者的角色。

当然，其中有一些角色，是可以也应该交给团队成员去扮演的，比如实干者、创新者的角色等。但另外有一些角色，最好由你这个团队的管理者来担任，比如协调者、监督者、凝聚者以及完善者。因为作为团队中的领导者，你必须是一个团队的核心，要起到掌控全局的作用。

然而，作为团队的核心，你并不是一个将军或者元帅，而是一个冲锋陷阵的先锋，需要像一个表率者那样，带领大家去完成很多事情。不仅如此，你还要像是一个培训师，面对下属的错误，你要去纠正指导，既要做团队的领跑者，同时也是团队的推动者，带领并且推动团队成员成长，这才是一个优秀的团队领导者所应该具备的管理能力。也只有这样，你的团队才会是一个充满活力，朝气蓬勃，并且能够为你个人的发展起到巨大支持作用的团队。

·团队的成绩，是你将来的事业资本

前几天，小表弟来找我吃饭，酒过三巡之后讲明了来意，由于他作为业务员成绩出类拔萃，所以前一阵子得到了提拔，成为销售部门的经理。领导对他表达了殷切期望，希望在他的带领下，整个部门的业绩都像他的一样让人惊喜。

被领导寄予厚望，我这个小表弟也非常兴奋，热情满怀地想要大干一场。可是，三个月很快过去了，不仅他自己的业绩比以前差，整个部门的业绩也没以前好。领导开始找他谈话："你自己做得那么好，怎么就不能带领团队一起干好呢？"

话里话外，似乎在指责他藏着掖着，不肯把经验技巧教给大家。他感到非常委屈："天地良心，我很清楚，团队的成绩好了，领导才会对我满意，自己才能获得更大的升迁。所以我已经竭尽所能把经验教训都倾囊相授了，怎么还不出业绩啊？为什么我自己用这些方法可以做得很好？唉，也难怪领导会那么想。看来是我自己不适合做管理。" 他沮丧地得出了结论。

我告诉他，他的一个想法非常正确——团队的成绩才是他未来事业的资本。因为作为管理者，你能够证明自己的管理能力，才有可能得到进一步的提升。而你的管理能力，就体现在团队的业绩上，而不仅仅是你个人的业绩上。

那么，到底为什么会出现这种问题呢？这其实是一种普遍现象。管理学大师拉姆查兰将这种现象，归于领导力发展的第一个阶段，从管理自我到管理他人。由于管理自己和管理别人之间，有一个质的差别，所以这个阶段的跨越是最难的。在跨过这个阶段之后，管理 10 个人和管理 100 个人，他们之间就只是量的差别。

所以，在领导力发展的这第一个阶段，对于提升管理能力来说都是非常重要的时期，这一时期，虽说管理的人不多，但是所有管理技能我们都需要学习，包括制订工作计划，包括了解每一个人，并且给他们分配适合的工作，以及如何激励员工，如何进行绩效评估，如何激发大家的工作积极性等等。对于刚刚跻身管理层的人来说，这都是全新的命题。

于是，你既不能把所有的时间都用来帮助别人，充当消防员，也不能把所有时间都用在自己做事情上。你必须在自己做事和带领团队做事之间获取平衡，所以的确是非常难的。

那么，作为最基层的管理者，由于你的工作职责跟以前相比发生了本质的转变，需要花很多时间来转变你的工作方式，管理好你的时间。所以要非常注意，不仅仅是事不关己地把自己的成功经验分享给大家听，而是要花更多时间用在帮助别人，像教练一样对他们进行指导，并且要把帮助别人完成任务作为自己的工作内容之一，把它视为自己成功的关键，为它分配更多的时间，这样才能真正帮助团队获得业绩。

另外，还有一些人在刚刚成为管理者之后，非常明白自己的工作性质和内容都有了质的转变，于是会雄心勃勃地设计出一系列完整的管理体系，然而这种理想主义者也经常会碰壁，因为管理的最终目的是做出业绩来，而不是制订一套完美的制度。

作为管理者，整个过程是怎样实现的并不那么重要，重要的是你有没有拿出结果。也就是说，我们要以结果为导向，你要注重产出。这并不仅仅是一种观念，重要的是在这种观念的指引下，你总是做出正确的决策。而只有当你对公司做出贡献时，这是比任何言语都更有说服力的事业资本。

·有目标，有规划，管理才不乱阵脚

在刘易斯·卡罗尔的《爱丽丝漫游奇境记》中，有这样一段对话：

爱丽丝问："请你告诉我，我该走哪条路？"

"那要看你想去哪里？"猫说。

"去哪儿无所谓。"爱丽丝说。

"那么走哪条路也就无所谓了。"猫说。

关于目标有多重要，相信不需要我讲太多，大家可能都知道。当一个人没有明确的目标时，会经常感到迷茫，而且会无所适从，不知道自己应该朝哪个方向走，也不知道自己应该如何发力。所以，只有清晰的目标作为指引，才能转化成有效的行动。

当然，首先是制订一个合理的目标，这是需要技巧的。比如，你决定今年的工作业绩要比去年翻一番，这是一个可能实现的目标。假如你打算要翻五番，这就是一个过高的目标，假如你要维持去年的水准，那可能就是一个过低的目标。

我想提醒大家的是，千万不要认为目标定得越高越好，有人会认为："即便目标没有实现，那也没关系啊，定一个非常高的目标，万一实现了呢？即使没有实现，如果实现了80%，那也是很好的啊。"事实不是这个样子的，虽然实现80%已经超出了你的预期，但是这种思想是有问题的，因为你过分依赖目标，而且，始终完不成目标且没有任何奖惩措施，对于员工激励是不利的。

所以，目标不能太高，但也不能太低，如果这个目标太高，压根就没有希望实现，那也就等同于没有目标；如果这个目标太低，轻而易举就能够实现，那也不能有效调动起大家的积极性。所以，怎样制订一个合适的目标，是管理者的一项重要工作内容。一般来说，那些具有一定的挑战性，同时又让自己以及大家都相信，通过努力能够完成的目标，才是比较好的目标。

有了目标还不够，因为目标只是一座灯塔，放在那里可以照亮你，但是怎样走过去，还需要选择路径，这就是你的规划。

比如我的小表弟说，他们部门今年的目标是完成 1000 万元的产值，那么我告诉他："我们来算一算。根据你们公司的提成比例，1000 万元的产值，大概需要做出 3000 万元的业绩来。一年 3000 万元，那么一个月是 250 万元，每一天是 83000 元。而根据你的描述，这种仪器虽然利润很高，但需求量不大，批量采购的可能性也极小。这意味着你下属的六名销售人员，每个人每两天都要卖出去一台仪器才能完成你的目标。那么，你们大概要拜访多少名客户才能卖出去一台？你的数据是上百名，那么一个人每天能够拜访五十名客户吗？你有没有这么多 A 类客户可供拜访？如果没有的话，就只能陌生拜访，平均一个人要耗费多长时间？这些你都计算过、规划过吗？”

他摇摇头。我告诉他，所有这些都计算之后，你就能够大致评估出这个目标是否可以实现。目标不是凭空想象的，而是跟规划一起来制订的。一个行之有效的目标和具体细致的规划，是相辅相成的。你把大的目标具体化到每一步的行动上，制订出切实可行的方案来，这样你才不会手忙脚乱，制订出一个压根无法完成的目标，让自己不管对上对下都难以交代。

需要注意的是，无论如何，你在制订目标的时候都不能一时头脑发热。对于你应该怎样制订目标，制订什么样的目标都要非常明确，你一定要记得，你制订的，是企业的目标，不是你自己的目标。

比如，你所在的企业是一家服装行业公司，那么，如果公司客户的定位是年轻人、中低收入人群，那么作为研发部门，你的目标就应该是开发出漂亮的廉价的服装面料，而不是那些昂贵的面料。所以作为公司的一个部门，你的目标也需要围绕公司整体的目标而展开，要跟公司的发展方向一致，这才是比较好的目标和规划。

·任何项目都有两套方案，用一套留一套

有一个词叫“备胎”，我相信大家都知道什么意思，我更相信没有任何一个人愿意成为别人的备胎。现在我想要讲的是，为什么那些人那么热衷于为自己准备备胎？原因很简单，当自己身边的那个人不如意时，可以选择随时启用备胎，不会让自己有任何的情感空档期，于是也就最大限度上保证了自己的幸福和快乐。所以，虽然这种事情是不道德的，也是很残忍的，但是你不得不承认，它有一定的道理，在工作中，我们倒是非常需要这种做法。

正所谓“狡兔三窟，智者多途”，我们在制订方案的时候，如果你只有唯一那一套方案，那么当它被否定的时候，你就会变得非常被动；如果你准备了两套或两套以上的方案，那你的主动权也就大多了。

在我的某一份工作中，当我把方案 A 拿出来给上司看后，上司觉得非常满意，顺利通过了。然后他让我拿给主管这块业务的副总，可副总是一个审美偏好跟大家都非常不一致的人，他认为你这套方案做得没有美感。这时候，我拿出来早已为他准备好的方案 B，那是为他量身打造的，他觉得非常美观。但是我知道，他认为美观的这套方案未必别人能接受，于是我把两套方案都拿给他，让他对比，同时委婉地告诉她，虽然方案 B 比较美观，但是在哪些方面是有问题的。于是，副总在权衡

取舍之下，放弃了他偏爱的方案B，而通过了我的方案A。

这种做法虽然看起来是“雕虫小技，不足道也”，但是让我避免了很多麻烦，这也是我在多次碰壁之后得出的经验，因为副总那奇特的审美，总是让我重新去写方案，而我重新写的方案在部门主管那里总是通不过。后来我干脆每次准备方案的时候，都直接准备两套，这样一来，反倒大大提高了我们的工作效率。

虽然我所遇到的事情是个案，但其实也有普遍意义，因为每个人的经历、知识结构、审美眼光、看问题的视角等，都是不一样的，所以一个人认为非常棒的方案，另一个人可能会认为非常糟糕。正所谓众口难调，你不知道自己将会面临怎样的客户，那么你准备几套不同风格的方案，可能会分别满足不同决策者、不同客户的口味，通过的时候也会更容易。

而且更重要的是，在准备两套不同方案时，你会不自觉地对这两套备选方案进行对比。有了对比，你才能够真正看出每一套方案的优缺点，也有利于你提高自己方案的含金量。

所以，虽然准备两套方案看起来让你多花了很多时间，但实际上每做一套方案，你都在这个过程中得到了一些东西。因为即便是你经过深思熟虑制订的方案，也难免会有疏漏，甚至会有重大失误，因此制订出两套方案或者ABC计划，留下有用的那一套方案，绝不是在浪费你的时间，那些备用方案不仅能衬托出 A 方案的优秀，更能让你在对比中得出一个真正好的决策，因为它能让你从不同的角度去看待一些事情，以及更全面去思考问题，更大程度地拓展自己，然后拿出可行性最高的方案来。

·做好分工和授权，你才是好领导

很多年前，当我刚刚开始做管理者的时候，虽然只管理几个人，可是把我累得心力交瘁，因为下属拿过来的文件，以及他们完成的项目报告、策划方案，总是让我非常不满意，通常我都要改了又改，有的时候甚至自己要重新设计，工作量比以前大大增加。

于是，我只好加班熬夜，有时候甚至要忙个通宵，才能让整个部门的业绩保持在领导还算满意的水平，可是我自己简直都要累疯了。然而，即便我这么拼命工作，拼命为下属收拾烂摊子，可是他们看起来似乎对我毫无感激之情，我甚至还听到他们私下议论，说我这个人专制独断，不肯给大家成长的机会。

痛定思痛之后，我发现了自己身上存在的问题，那就是，我太不相信别人的能力，所以没有做好授权和分工，于是不得不凡事亲力亲为，让自己心力交瘁，同时也没有让下属得到很好的发展，他们原本也是非常愿意有所作为，愿意发挥自己聪明才智的。

当我认为一个方案有什么不妥之处时，我完全可以告诉下属，然后让他自己去修正，可是由于我认为“与其这样麻烦地折腾，还不如我自己伸手就改了”，就这样失去了一次让下属学习进步的机会。

同时，由于我没有做好分工，对于下属的才能性格不够了解，因此没有能够把事情交给最适合的人去做，于是，导致结果不那么令人满意。最终我得出结论：让自己这么累的，不是别人，而是我自己，是我让自己陷入这种境地的，如果能够做好分工和授权，我可以更轻松地和大家一起成长，于是我开始改变。

小李的脑袋瓜比较灵活，喜欢往外跑，总是坐不住，那我就让他做一些对外联络的工作，包括采办一些东西等；而小王性格偏内向，特别喜欢宅，但文字功底不错，那我就尽量把大家做好的文字交给他来润色；而小张计算机玩儿得好，小梁有美术功底，小冯鬼点子多……

弄清楚每个人的专长和性格特点以后，我就知道怎样分工了。比如，小冯想出来的创意，我让他先表达成书面文字，然后让小王润色出文案，再让小张和小梁一起做成精美的 PPT。这样一来，效果好多了，做出来的演示文稿比我自己做得还漂亮，皆大欢喜。

解决完分工问题，我又遇到了授权方面的麻烦。为了调动起大家的积极性，我决定放权，给他们一定的权限自由发挥，免得觉得我什么事情都管，束缚他们的发展。

比如，制订促销方案时，我对小梁说，促销活动的赠品你可以根据对市场的了解自己做决定。结果他就买来大量好玩的促销品，而且给客户承诺了非常多的售后服务。结果，虽然产品销量上升了，但是，售后部门不干了，因为他们工作量剧增，而且由于购买赠品花了好大一笔钱，所以毛利率下降了。这也就宣告此次授权失败。

在一次次的摸索和学习中，我终于得出了结论：既要授权，同时也要授责，权责一致。也就是说，我在授权的时候，下放的不仅仅有权力，还要有责任，这样的话，拿到权利的人才能慎用权力，做出更明智的决断。

授权说起来很简单，做起来你会面临一系列的细节问题。比如，你要做出详细的授权方案，告诉对方他具体有哪些权限；而且不要一下子放权太多，要一步一步地放权，这样可以更好地激励大家；授权的时候，还要不失时机地用言语鼓励对方，激发他的潜能……而且，当你把权力下放之后，还要控制好自己的控制欲，不要随意干涉，但同时也不能不闻不问。分工和授权就像放风筝一样，要把最关键的那根线捏在你的手里，并且懂得在适当的时间收线放线。

·让下属快乐，他们才会一直用心工作

让我们来回想一下，上一次，当你干劲十足、充满热情地去做一件事情，是什么时候？那时候，你的效率和质量，是不是连你自己都感到惊喜？所有人都是一样的。对你的下属来说，一份工作可能只是意味着一份收入，如果他不热爱这份工作的话，那么你需要做的就是让工作对他的意义不仅仅是饭碗，而是他非常愿意做的一件事情。

假如你的下属觉得每天离开家来上班是一件非常痛苦的事情，那么你认为他会用心工作吗？所以，让公司成为一个非常有吸引力的地方，让工作成为一件充满乐趣、非常值得做的事情，那么相信你所带领的这个团队，业绩一定不会差。

有一次，我去一家企业，接待我的是一位胖胖的女经理，面对我，她笑眯眯乐呵呵地，非常亲切。然后一转头，她黑着一张脸命令助理："给我去楼下收个快递。"过了一会儿，又命令另一位下属："你帮我洗个杯子。"接了个电话之后又跟另一位下属说："周末我比较忙，你周末有空帮我把孩子送去辅导班吧。"然后又听她跟另一位下属说："你明天请假去医院，回来记得把病历本给我看。"明显极端不信任对方。

我感到非常震惊，他们只是她的下属，实际上也是她的同事，并不是她的仆人，他们彼此之间在人格上是平等的。为什么她要对他们这样

颐指气使呢？为什么她这样不尊重下属呢？我不相信这样的企业，员工会非常尽心尽力做事情，据我观察，这家公司的员工脸上都没有笑容，工作氛围也非常压抑，让人感觉死气沉沉的。于是我果断决定不再跟这家公司合作，因为我并不看好它的发展。

在我看来，一个好的管理者，首先必然是要尊重你的下属，他们并没有低人一等，有了他们的支持才能成就你的成功。尽管表面上你的地位比他们高，但是正因为如此，你更需要尊重他们，这才是一个管理者该做的事情。

在尊重下属的基础上，我们还要努力营造出一个轻松的、愉悦的工作氛围，只有环境让人放松，人才能更好地发挥自己的聪明才智。如果你在一个特别紧张的环境里面工作，整个人都是一种非常收敛的状态，那就很难自如地、非常开放地思考问题、贡献自己的智慧。

我的朋友在一家，用他的话说“即便不给我工资，也愿意干下去”的企业。到底他对这份工作有多满意呢？

我们先来看他的福利吧，这家企业有自己的托儿所，员工有全额医保，公司里面有健身房，还有专设的榻榻米让员工在累的时候可以去休息，然后，业绩优秀的员工会有半个月的年假，公司还时不时组织去国外旅游。

可想而知，公司的工作氛围有多好。你走进去就会感觉到温暖和力量，让你脑海中不禁浮现出“欣欣向荣”这个词。这样的公司，怎么可能发展得不好呢？

既然公司如此慷慨体贴地对待员工，大家自然也就希望公司能够发展得更好，于是他们就会充分调动起自己的能动性，努力让自己成为公司最有价值的资产。就这样，在这种非常良性的循环下，这家企业得以飞速发展。

我知道，作为一个基层管理者或者中层管理者，你可能没有这么大的权限取决定企业文化，但是至少在你所管理的部门，你可以给下属创造一个轻松的、更加适宜工作的环境，让他对工作越来越热爱，并且对自己的工作有自豪感，那么这样他们不仅仅是公司的“赚钱机器”，更是一个个有创造性有能动性的“人”，这才能够在你的带领下，大家一起走向成功。

·激励有门道，惩罚有方法

有一个聪明的哲学家叫约翰·洛克，他说过这样一句话，没有欲望的地方就没有勤奋，非常正确。带领团队绝对不能没有奖惩措施。

正所谓“小功不赏，则大功不立；小怨不赦，则大怨必生。”人终归总是有惰性的，这种惰性会让人能不干的时候就不干，能少干决不多干，他们可能不会关心自己业绩的好坏，而只关心工资的多少，他们可能只关心自己做过什么，而不关心自己做成了什么。总而言之，人性中的懒惰和自私，决定了一个团队必须有激励措施，来让大家充满斗志。所以，奖惩分明是提高执行力的重要手段。

可能你觉得，奖励跟惩罚多简单啊，有人获得成绩了那就奖励，有人做错事情了那就惩罚呗。它当然远远不是这么简单，因为你看到的很多东西只是表面现象，你并不能对每一名员工的工作情况都了如指掌，尤其是当团队成员比较多，工作比较复杂，关系比较复杂的时候，谁贡献得多，谁做得好，你很难一目了然，问题就来了，如果你奖惩不当，就会打击那些付出较多者的积极性，同时也会放纵懒惰没有责任心的人，给团队发展带来不利影响。

那么，我们到底应该怎样做才能奖惩公平合理呢，其实说起来也简单，主要就是解决下面几个问题：谁应该奖，谁应该罚，该怎么奖，该怎么罚。

什么时候该奖什么人该罚，一定不能凭你的感觉，而是要按照一定的规章制度，也就是说首先要有一个明确的规则，一切都围绕这个规则来。但是这时候，考核就是其中的一个重要环节了。这个考核除了注重结果，更要注重过程，这样才能够做到真正的公正公平。需要团队合作才能完成的任务，尤其要注重过程中的考核，以免那些吃大锅饭的人伤害了所有人的积极性。所以，要想奖惩公平，一定要注重绩效考核，注重评估机制的公平性，尤其要注重过程考核是否到位。

考核完之后，接下来才是该怎样奖励和奖惩。奖励跟惩罚看起来是截然相反的两件事，事实上它们是统一的，都是员工激励的内容，只不过是两个不同的方向而已。共同目的是一致的，所以它们两个实施时有很多共同点。

简单来说，奖励和惩罚的过程中都只需要把握两点，第一是奖惩的方式，第二个是尺度。我们先说方式，奖惩都可以分为物质和精神两方面。一般来讲，物质方面的包括工资、奖金、福利以及职位的调整等，精神方面的有表扬、进行培训以及一些职业规划的讲座，包括对员工家人的关怀与照顾等等。

大家一定要注意，不要太依赖物质激励而忘掉了精神激励，要把两者相结合才能真正调动起大家的积极性。我不是反对物质奖励，但是反对过分强调物质奖励，那会刺激大家对物质的贪欲。而且由于边际效应的存在，物质激励的效果可能会越来越差。事实上，一个人的荣誉感、使命感、好胜心、兴趣等等，都能给他带来强大的行动力，这也是精神激励之所以奏效的一个重要原因。

至于尺度，并不是越强烈的刺激，激励效果就越好，而是要根据行为本身的程度，来给予相应的奖惩。重大而罕见的贡献，可以给予重大奖励；但一个经常拖拖拉拉的人有一天居然出乎意料按时完成任务，你顶多给出简单的口头表扬，决不能大书特书。把握好每一次奖惩的尺度，体现出差异性，才能让奖惩本身的效力更好地展现出来。

最后我还是要强调，不管是激励还是惩罚，最关键的原则一定是公平，所谓不患寡而患不均，哪怕是微不足道的奖励，只要你这个体系的奖惩措施是公平的，那么当大家得到这些奖励的时候都会受到极大的鼓舞，因为这是对他们工作的肯定，这份奖励的权威性非常高，这样的激励措施效果才是非常好的。

·分清员工的不同心理，做到明察秋毫

我的一个朋友自己创业做老板，非常器重手下的几个中层管理者，设计了股权分配方案，花了大价钱请人来培训他们，帮他们考资格证书，为了留住他们真是费尽了心思，悉心栽培，我经常跟他开玩笑，你对媳妇儿都没这么上心。

可是，当公司遇到棘手问题的时候，这几位中层虽然没有离职，却纷纷告诉他，自己家里有事需要请假，一个个用各种不容分说的借口请假不在公司，使得我这位朋友只好身兼数职，通宵达旦去应对危机。万幸的是，他熬过了这次危机，面对那几个销假回来的中层，他非常寒心。

当他跟我沉痛地抱怨时，我并没有客气，跟他说："这些人还不是你自己选的，他们是什么样的人，相处这么久了，你难道还不知道吗？"了解一个人，不仅仅要看他们的能力，更要看他们的人品，不是你对一个人好就可以留住他的。我们要根据不同人的心思，分别制定对待他们的不同策略，原本不就应该这样吗？

有的人特别重情重义，比如关羽这样的人，那你可以用心对他们好，用情意留住他；而有些人原本就唯利是图，如果有人提供更高的职位更好的待遇，他会毫不犹豫跳槽去对手的公司，那么这样的人你就不值得为他提供那么多的机会，以及那么全心全意去栽培他；还有一些人纯粹

是为了学本事，然后自己创业，一发现你已经没有更多的本事可以传授给他的时候，就会另谋高就了……所以身为管理者，你绝对不能只听漂亮话，更要发现他们背后的心思，然后制定相应的措施。

了解员工的不同类型，分析他们的不同心理需要，除了保护企业不受损失之外，同时也是日常管理工作的需要。因为人与人之间的性格差异比较大，肯定不能用一刀切的方法进行管理。

比如，有的人特别喜欢争强好胜，总觉得自己比别人强，所以平时做事比较张扬，经常对你不屑一顾，甚至还当众跟你顶嘴，对于这种员工，我们要恩威并重，众人面前给他面子，私下要树立权威。工作上，可以给他一个较为自由的空间，给他们成长的机会。因为相当一部分这种类型的员工，他们是渴望能够表现自己的，好胜心也很强，你就可以把一些有难度的工作交给他们，试着让他们去开疆拓土。

对于那些总是阳奉阴违、得过且过的员工，我们要多借助奖惩机制，找出他们工作积极性不够的原因，是没有能发挥所长的平台，还是非常怠惰，然后才能制定对策。一方面要鼓励、授权，另一方面也要用严格的竞争和淘汰机制来刺激他们，双管齐下。

对于那些特别听话，但是主动性很差，你推一下他才走一步的那种员工，虽然他们执行力比较强，但是创造性和能动性不够，那么你可以试着尽可能细化工作要求和完成期限。

还有一种员工是刺儿头型，特别难管理。他们的个性非常鲜明，压根不喜欢被人管，又受不了一点委屈，而且不肯跟人分享，特别斤斤计较于自己的得失。对于这种员工，不妨经常改变他的工作内容，不要让他有特别强的自信心，帮助他变得更加沉稳。

总而言之，没有管不好的员工，只有不会管的管理者，不管什么类型的人，都有他自己的软肋，你需要做的就是分清楚你的下属究竟属于哪种类型的人，然后使用对他行之有效的管理方法就可以了。所以管理就是这样一种工作，既有共性更有个性，把共性和个性结合起来一起，才能带领下属一起前行，把你们都推向更高的位置，拥有更广的天地。

题外篇

关于爱情，不会轻易悲伤

——这5年，我们要不要“谈谈情”？

·你要敢爱，也要会爱

不管你在大学里有没有谈过恋爱，毕业的5年之内，都是这一生中谈论爱情最重要的时期。

不管你遇到过渣男，还是做过备胎，还是从来都没有跟任何异性牵过手，这5年里，你都要敢于爱，并且学会爱。因为，这么美好的时光，如果不拿来谈恋爱，那该多么遗憾啊！你真的相信自己80岁时也能拥有“情不知所起，一往而深”的爱情？

毫无疑问，爱情是非常美好的。可是就像阳光的另一面是阴影一样，极致的快乐，往往也伴随着刻骨的痛苦。爱而不得的悲伤、失恋的痛楚，是比黄连还要苦一万倍的滋味。

《诗经·氓》中，被抛弃的女子感叹说：“吁嗟鸠兮，无食桑葚；吁嗟女兮，无与士耽；士之耽兮，犹可脱也，女之耽兮，不可脱也。”鸟儿啊，不要吃桑葚。女人啊，不要和男人谈情说爱。男人沉溺于感情犹可脱身，女人则会万劫不复。可是，鸟儿能抵御桑葚的致命诱惑吗？不能。女人也一样，除非心死。而且当一个男人真的爱上一个女人时，也是一样的。

只是，爱是一种能力，和所有能力一样，不是每个人都具备。有些人会不主动，不拒绝，不负责，但更糟糕的是，你遇到了那样一种人，他们主动，不拒绝，不负责。所以，接近你未必代表对你有好感，跟你调情未必是喜欢你，给你打电话未必是想念你，说爱你可能只是一种手段，甚至跟你正在谈恋爱也并不代表真的爱你，戴上戒指说出婚姻的誓言也不表示他愿意和你共度一生。

可是，那又怎样呢？最美好的结局也许并不是王子和公主幸福地生活在一起，而是公主或王子即便受了伤，依然带着永不放弃的希望继续前行，依然相信世上有让自己变得更美好的人，依然对真爱深信不疑，依然相信爱情从来都不想辜负自己。

我们这一生，思前想后，犹豫不决固然可以免去一些做错事的可能，但更大的可能是会失去成功的机遇。只有勇敢尝试，才有可能实现梦想。爱情同样如此，再糙的汉子也怕受伤。可是如果你连尝试的勇气都没有，又怎么可能拥有一份恋情呢？

可能你以为，不爱就不会受到伤害，没错。但是，这一生没有爱过别人，才是最大的悲哀。你虽然没有遭遇爱错的痛苦，但也不会品尝真爱的甜蜜。不要刻意回避爱情的来临，不要怕受伤，只要彼此曾经真心真意付出过，就是美好的。

但是，谁谈恋爱也不是冲着被伤害去的，所以我们在爱的时候，更要会爱，能够懂得爱，珍惜爱，呵护爱，让它能够生根发芽，茁壮成长，并且结出美丽的果实。

在这个过程中，除了用心，也要用技巧，否则很容易变成“当我还是一个懵懂的女孩，遇到爱，不懂爱，从过去，到现在，直到他，也离开，留我在云海徘徊”。

该怎样才算是“会爱”，我这个年龄回头望，会有很多话想跟大家说，很多故事想讲给大家听，能写成厚厚的一本书。然而这里我只能给出最核心的关键词：尊重、体谅、包容。这些人与人相处时的黄金法则，同样适合两性之间。在此基础上，好好珍惜，用心去爱吧，你总会遇到那个让你感觉世界都变温暖了的人。

· 别太近、别太远，爱要慢慢来

20 多岁的年轻人对于爱情的渴望，不亚于 40 多岁的中年人对于功名的渴望，尤其是大学一毕业，连爹妈都开始着急，催你赶紧找个男朋友女朋友，准备结婚生子，完成人生大事。

可是，如果你相信爱情存在，就应该知道，它不是到了年龄就自然到来的一件事，急不得，催不来。

当年，34 岁的铁凝去看冰心时，老奶奶问："你有男朋友了吗？"

铁凝说："还没找呢。"

老奶奶说："你不要找，你要等。"

16 年之后，50 岁的铁凝，也遇到了她的华生。她说，他们俩这些年一个人在等，一个人也没有找。终究，他们遇上了。

我当然不是建议你一直被动等下去，只想说，姑娘，遇到合适的人，别犹豫，大胆追上去；可是，如果没有遇到合适的人，也不要担心成为剩女。委身于人再简单不过，然而假如你不是因为想要和某个人共度余生的每一天而结婚，只是因为别人都这么做、因为害怕众人异样的眼光而急于给自己找一个所谓的归宿。那么我只能说，一旦所托非人、遇人不淑，你只能怪自己。当然，如果你喜欢拼命奔跑华丽跌倒，那也无可厚非。

所以小伙，一方面你要大胆去爱，另一方面也要宁缺毋滥，如果待在你身边的不是一个让你觉得怦然心动、看到她就从心底开出一朵花来的人，很快你就会品尝到厌倦和无聊的滋味。一个又一个地换女朋友，也不能治愈你的空虚寂寞冷。

可是，爱是多么复杂的一个命题啊，我们怎样才能知道一个人爱不爱自己呢？

对于这个问题，赵鑫珊有一个较为靠谱的答案。他说，想要判定你是否爱一个人很简单，有三个标准：

第一，你和 ta 约会时，在即将见面时，会不会心跳加速？如果不会，说明这不是发自内心的爱，因为真正的爱是心的不住颤抖。

第二，嫉妒。嫉妒有多深，爱就有多深。

第三，叫人发奋、上进和善良。如果有一天，你告别恋人往回走，路上寒风刺骨，可你一点不觉得冷，你心里充满了热爱和同情。你怜爱路边每一株花草，你会把兜里仅有的几块钱送给路边的乞丐。若果真如此，这份爱都是纯洁的。而教人物欲横流的爱，没有一个是纯洁的。

我认为这是一个比较靠谱的说法，把它跟大家分享。

所以姑娘，你别傻了。他伤害你、不联系你、玩突然失踪、告诉你他不想结婚、不想要孩子、放你鸽子、把约会日期一推再推、半晌才回你的信息、给你的信息从来只是乏味的只言片语……那么，他不是太爱你、不是害羞、不是自卑、不是不知道怎么联络你、不是太忙太累、不是不小心、不是太害怕太紧张太敏感、不是太爱前女友、不是童年阴影太多、不是家庭压力太大、不是意外失忆、不是手机丢了……只是不爱你。

所以小伙，假如遇到一个姑娘有上述举动，她不是矜持害羞，只是，不爱你。

在一次访谈节目中，朱军问王志文怎么40了还不结婚，王说，没遇到合适的。朱问，你到底想找个什么样的。王答，就想找个能随时随地聊天的。朱说，这还不容易。王说，不容易。“比如你半夜里想到什么了，你叫她，她就会说：几点了？多困啊，明天再说吧。你立刻就没有兴趣了。有些话，有些时候，对有些人，你想一想，就不想说了。找到一个你想跟她说，能跟她说的人，不容易。”

的确不容易。遇到一个志趣相投、三观一致，而且喜欢彼此的人，并不那么容易，可是我们也不能因此而放弃对他（她）的追寻。

在《红字》作者霍桑故居的玻璃窗上，他的夫人用戒指上的钻石刻下过一行字：“人间的一切意外，都是上天的有意安排。”他们感谢遇到彼此，愿你也能遇到这样一个人，让自己每天早晨带着希望和微笑醒来。然后，烧完美好青春换一个老伴。

·独立爱情更长久

舒婷的《致橡树》相信大家都不陌生，里面那句“我必须是你近旁的一株木棉，作为树的形象和你站在一起”，成为了一代又一代女性爱情观的宣言。

然而时至今日，我发现还有很多女性抱着这样的心理：“何必那么辛辛苦苦、起早贪黑工作呢，嫁个好人家什么都有了。”还有很多母亲在女儿的婚姻问题上用“嫁汉嫁汉，穿衣吃饭”这样的标准进行指导。

还有人说，传说中的理想夫妻公式：女方比男方更高的学历 + 女方年纪比男方小至少 5 岁 + 夫妻初婚。道理很简单：学历是女人的绝佳嫁妆，但男人更需要的是能力，学历低些无所谓；男人比女人大，就会更成熟体贴，可以给女人疼爱，而女人可以给男人崇拜，皆大欢喜；夫妻皆为初婚或皆为次婚都无不可，只要不是一方初婚一方次婚，因为不够平衡。

看起来也很有道理，但问题在于，爱情和婚姻都不是静态的，不是一劳永逸的，它们是一个随时都在发生变化的动态过程。无论你用怎样的标准来作为门槛，这都仅仅只是开始。接下来，在双方共同生活的日子里，如何让这段感情越来越牢固，难道不是更值得我们关注吗？

有一位女性朋友跟我哭诉，老公当初是多么死皮赖脸地追她，当年她有多少裙下之臣，自己却选择了一无所有的他，只图他能对自己好，然而现在自己为他生儿育女，变成了黄脸婆，他却在外面找了别的女人……她一边哭着说“男人都不是好东西”，一边还在说，“早知道当初就找一个有钱的，好歹也算图了点什么。”

可是我想说，当年老公虽然一无所有，却是一个非常积极上进的小伙子，20 多年来，老公一直努力拼搏，从一个一无所有的小伙子变成了大型企业的高管，收入水平以及整个人的形象气质都有了质的飞跃；而她呢，当年是个年轻又貌美的姑娘，爱读书爱听音乐，现在呢，依然跟多年以前是同样的职位，做着同样琐碎的工作。跟她讲话，除了家长里短，就是八卦新闻，要么就是韩剧，两个人的精神层次早就云泥之别，出现隔阂简直是必然的事。

杨澜曾经说过这样一句话：“婚姻的纽带，不是孩子，不是金钱，而是关于精神的共同成长，在最无助和软弱时候，有他（她）托起你的下巴，扳直你的脊梁，令你坚强，并陪伴你左右，共同承受命运。那时候，你们之间除了爱，还有肝胆相照的义气，不离不弃的默契，以及铭心刻骨的恩情。”

诚然如此。两个人在一起，如果一个人努力前行，而另一个人停下脚步，没有跟着对方一直往前走。那么，不管一开始两个人多么恩爱，多么般配，迟早都要出问题。所以，在爱情中婚姻中，两个人都是独立的个体，既要为对方付出甚至做出牺牲，同时也要保持自己独立的人格，要有自己的事业,两个人要能并肩前行,这才是更加健康更加坚韧的关系。